解读地球密码

丛书主编　孔庆友

工业血液

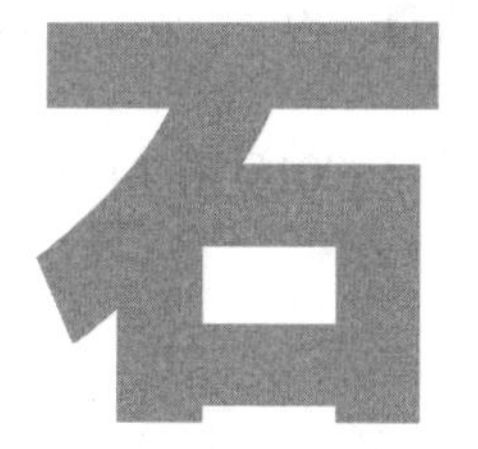

石油

Petroleum
The Blood of Industry

本书主编　邢俊昊　徐冠华　吕晓亮

山东科学技术出版社
·济南·

图书在版编目（CIP）数据

工业血液——石油 / 邢俊昊，徐冠华，吕晓亮主编 .-- 济南：山东科学技术出版社，2016.6（2023.4重印）

（解读地球密码）

ISBN 978-7-5331-8363-9

Ⅰ. ①工… Ⅱ. ①邢… ②徐… ③吕… Ⅲ. ①石油 – 普及读物 Ⅳ. ① TE-49

中国国家版本馆 CIP 数据核字 (2016) 第 141825 号

丛书主编　孔庆友

本书主编　邢俊昊　徐冠华　吕晓亮

工业血液——石油

GONGYE XUEYE——SHIYOU

责任编辑：梁天宏

装帧设计：魏　然

主管单位：山东出版传媒股份有限公司

出 版 者：山东科学技术出版社

地址：济南市市中区舜耕路 517 号

邮编：250003　电话：（0531）82098088

网址：www.lkj.com.cn

电子邮件：sdkj@sdcbcm.com

发 行 者：山东科学技术出版社

地址：济南市市中区舜耕路 517 号

邮编：250003　电话：（0531）82098067

印 刷 者：三河市嵩川印刷有限公司

地址：三河市杨庄镇肖庄子

邮编：065200　电话：（0316）3650395

规格：16 开（185 mm × 240 mm）

印张：6.5　　**字数**：117 千

版次：2016 年 6 月第 1 版　**印次**：2023 年 4 月第 4 次印刷

定价：32.00 元

审图号：GS（2017）1091 号

普及地质科学知识

提高民族科学素质

李廷栋

2016年元月

传播地学知识，弘扬科学精神，
践行绿色发展观，为建设
美好地球村而努力。

瞿裕生
2015年10月

贺　词

自然资源、自然环境、自然灾害，这些人类面临的重大课题都与地学密切相关，山东同仁编著的《解读地球密码》科普丛书以地学原理和地质事实科学、真实、通俗地回答了公众关心的问题。相信其出版对于普及地学知识，提高全民科学素质，具有重大意义，并将促进我国地学科普事业的发展。

国土资源部总工程师

编辑出版《解读地球密码》科普丛书，举行业之力，集众家之言，解地球之理，展齐鲁之貌，结地学之果，蔚为大观，实为壮举，必将广布社会，流传长远。人类只有一个地球，只有认识地球、热爱地球，才能保护地球、珍惜地球，使人地合一、时空长存、宇宙永昌、乾坤安宁。

山东省国土资源厅副厅长

编著者寄语

★ 地学是关于地球科学的学问。它是数、理、化、天、地、生、农、工、医九大学科之一，既是一门基础科学，也是一门应用科学。

★ 地球是我们的生存之地、衣食之源。地学与人类的生产生活和经济社会可持续发展紧密相连。

★ 以地学理论说清道理，以地质现象揭秘释惑，以地学领域广采博引，是本丛书最大的特色。

★ 普及地球科学知识，提高全民科学素质，突出科学性、知识性和趣味性，是编著者的应尽责任和共同愿望。

★ 本丛书参考了大量资料和网络信息，得到了诸作者、有关网站和单位的热情帮助和鼎力支持，在此一并表示由衷谢意！

科学指导

李廷栋　中国科学院院士、著名地质学家

翟裕生　中国科学院院士、著名矿床学家

编著委员会

主　　任　刘俭朴　李　琥

副 主 任　张庆坤　王桂鹏　徐军祥　刘祥元　武旭仁　屈绍东
刘兴旺　杜长征　侯成桥　臧桂茂　刘圣刚　孟祥军

主　　编　孔庆友

副 主 编　张天祯　方宝明　于学峰　张鲁府　常允新　刘书才

编　　委　（以姓氏笔画为序）

卫　伟　王　经　王世进　王光信　王来明　王怀洪
王学尧　王德敬　方　明　方庆海　左晓敏　石业迎
冯克印　邢　锋　邢俊昊　曲延波　吕大炜　吕晓亮
朱友强　刘小琼　刘凤臣　刘洪亮　刘海泉　刘继太
刘瑞华　孙　斌　杜圣贤　李　壮　李大鹏　李玉章
李金镇　李香臣　李勇普　杨丽芝　吴国栋　宋志勇
宋明春　宋香锁　宋晓媚　张　峰　张　震　张永伟
张作金　张春池　张增奇　陈　军　陈　诚　陈国栋
范士彦　郑福华　赵　琳　赵书泉　郝兴中　郝言平
胡　戈　胡智勇　侯明兰　姜文娟　祝德成　姚春梅
贺　敬　徐　品　高树学　高善坤　郭加朋　郭宝奎
梁吉坡　董　强　韩代成　颜景生　潘拥军　戴广凯

编辑统筹　宋晓媚　左晓敏

目 录

CONTENTS

石油知识ABC

Part 2 有机无机话成油

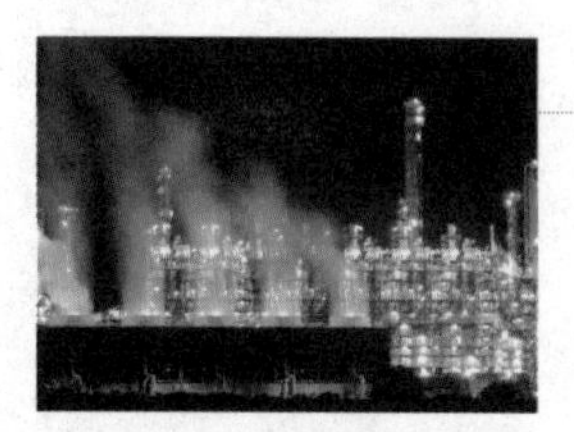

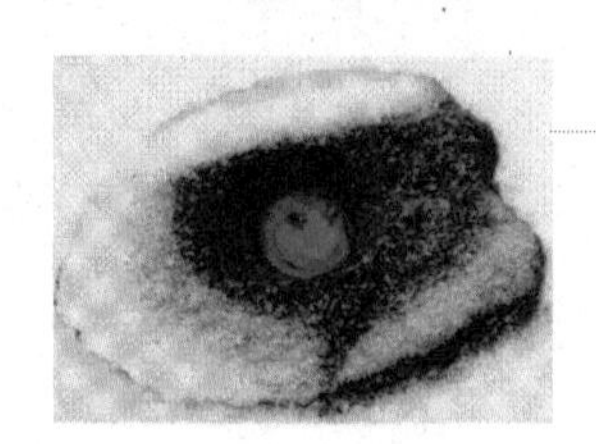

Part 3 盆地凹陷找油藏

Part 5 千锤百炼制油品

石油工业是指以石油和天然气为原料，生产石油产品和石油化工产品的加工工业。石油工业已成为人类社会不可或缺的支柱产业。

石油的发现、开采和直接利用由来已久，到20世纪四五十年代形成了现代炼油工业。石油炼制包含脱盐脱水、蒸馏、催化裂化、加氢裂化和石油精制等主要工艺过程。

Part 6 “万油之母”数石油

石油可谓是“万油之母”。目前我们最常用的汽油、柴油都是从石油中提炼出来的。石油产品已影响到人类生活的各个方面，现代人类社会离开石油将无法运转。

石油是化工原料之源，这些基本化工原料可制成合成纤维、合成橡胶、合成树脂和塑料、合成氨和尿素等多种产品，广泛应用于各行各业中。

Part 7 油田之最看全球

Part 8 六大油田在中国

地学知识窗

Part 1 石油知识ABC

石油又称原油，是从地下深处开采出来的棕黑色可燃黏稠液体，在中国曾称之为“石脂水”“猛火油”“石漆”，在国外曾称之为“魔鬼的汗珠”“发光的水”。石油颜色多样，成分丰富，性质因产地而异，分类复杂。

石油的概念

据史料记载，从2 000多年前的秦朝开始，我国古代人民就陆续在今天的陕西、甘肃、新疆、四川、华北、山东、广东、台湾等地区的30多个县发现了石油，并加以采集和利用。世界上最早记载有关石油的文字见于我国东汉史学家班固（32~92）所著的《汉书》，书中记有“高奴有洧水可燃”（高奴在今陕西省延长一带，洧水是今延河的一条支流）。历史上，石油曾被称为石漆、膏油、肥、石脂、脂水、可燃水等，最早提出“石油”一词的是977年中国北宋编著的《太平广记》，直到北宋时科学家沈括（1031~1095）才在世界上第一次提出了“石油”这一科学的命名。

——地学知识窗——

“石油”的命名

沈括于11世纪末成书的《梦溪笔谈》中说：“鹿延境内有石油，旧说高奴县出脂水，即此也。”1976年，台湾地区“中国石油公司”编写的《中国石油志》指出，我国北宋李方日（925~996）等编写的《太平广记》中最早载有“石油”一词，先于沈括约100年，有待进一步考证。

石油又称原油，是从地下深处开采出来的棕黑色可燃黏稠液体。天然石油（又称原油）的颜色非常丰富，有红、金黄、墨绿、黑、褐红甚至透明，这是由它本身所含胶质、沥青质的含量决定的，二者含量越高颜色越深。原油一般呈黑绿色、棕色、黑色或浅黄色，如图1-1所示。原油

图1-1　不同颜色的石油

的颜色越浅其油质越好，透明的原油可直接加在汽车油箱中代替汽油。

石油的性质因产地而异，密度为0.8~1.0 g/cm³，黏度范围很宽，凝固点差别很大（30℃~60℃）（图1-2），沸点范围为常温到500℃以上，可溶于多种有机溶剂，不溶于水，但可与水形成乳状液。一般来讲，原油都有相似的特性。然而，实际资料表明，不同油田、不同油层、不同油井甚至同一油井不同时间产出的原油在物化性质上也会存在明显差异，这种差异反映了原油化学组成的多样性和复杂性。

石油主要用作燃油和汽油，也是许多化学工业产品如溶剂、化肥、杀虫剂和塑料等的原料。现在开采的石油88%被用作燃料，12%作为化学工业的原料。石油的计量单位主要是桶，1 t约等于7桶，如果油质较轻（稀），则1 t约等于7.2 桶或7.3桶。

石油作为一种重要的能源，可以说是现代经济的血液。因此，石油的开采已经成为最重要的重工业。

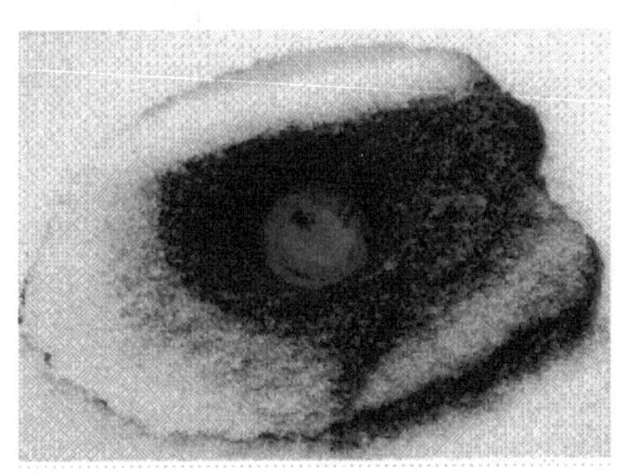

图1-2　不同凝固形态的石油

石油的成分

石油的成分主要有油质（主要是由碳氢化合物组成的淡色黏性液体物质）、胶质（黏性的半固体物质）、沥青质（暗褐色或黑色脆性固体物质）、碳质（非碳氢化合物）。

一、油质

油质为石油的主要组分，可溶解于石油醚而不被硅胶所吸附，成分主要为饱和烃和一部分芳香烃。

二、胶质

胶质可溶于石油醚、苯、三氯甲烷等有机溶剂而不被硅胶所吸附，可分为苯胶质（用苯解吸的产物）和酒精-苯胶质。前者多为芳香烃和一些含有杂原子（氧、硫、氮）的芳香烃化合物，后者主要为含杂原子的非烃化合物。轻质油中胶质含量少于5%，重质油中胶质含量可达20%。

三、沥青质

沥青质不溶于石油醚和酒精，而溶于苯、三氯甲烷，其分子量较大，分子结构为稠环芳香烃和烷基侧链组成的复杂结构。在电子显微镜下，其宏观结构呈胶状颗粒。

四、碳质

碳质为石油中不溶于有机溶剂的非烃化合物。

原油的成分随地区而异，一般含碳84%、氢11%~14%，含少量氧、氮和硫等，灰分含量约0.05%。主要是由各种烷烃、环烷烃和芳香烃所组成的混合物。石油大部分是液态烃，同时在液态烃里溶有气态烃和固态烃。

——地学知识窗——

石油组分与石油族分

石油组分是对石油中不同成分在不同溶剂中溶解难易程度而作的分类，可分为油质、苯胶质、酒精-苯胶质、沥青质等。

石油族分又称族组分。石油中不同的化合物组分，可分为饱和烃（包括烷烃和环烷烃）、芳香烃（不饱和烃）、非烃（包括氧、硫、氮的化合物）和沥青质（碳、氯、氧、硫、氮等多种元素组成的复杂结构的高分子化合物）。

石油的性质

石油的性质主要包括颜色、密度、黏度、凝固点、导电性、溶解性、荧光性、旋光性等。

一、颜色

石油的颜色变化较大，从无色、淡黄色、黄褐色、淡红色、深褐色、黑绿色到黑色，一般以黑色为多。颜色的不同跟成分有关，胶质、沥青质含量越高则颜色越深，油质含量高则颜色浅。

二、密度

石油的密度与颜色有一定关系，一般淡色石油密度小，深色石油密度大。这里所说的密度是与4℃时水的密度的比值，即相对密度。在20℃下，石油的相对密度一般介于0.75~1.0之间。通常把相对密度大于0.9的石油称为重质石油，小于0.9的称为轻质石油。

三、黏度

石油的黏度变化也很大，如大庆石油黏度在50℃时为（9.3～21.8）$\times 10^{-3}$（Pa·s），孤岛油田馆陶组原油则为（103～6 451）$\times 10^{-3}$（Pa·s）。黏度的变化受化学组成、温度、压力及溶解气量的影响。

四、凝固点

石油凝固点的高低取决于含蜡量及烷烃碳数高低。含蜡量高，则凝固点高，反之则低。

五、荧光性

石油及其大部分产品（轻汽油及石蜡除外）在紫外线照射下发出特殊蓝光的现象，称为荧光，如图1-3所示。石油的发光现象取决于其化学结构：多环芳香烃和非烃引起发光，而饱和烃则完全不发光；轻质油的荧光为浅蓝色，含胶质多的石油呈绿色和黄色，含沥青质多的石油或沥青质则为褐色荧光。

六、旋光性

当偏光通过石油时，偏光面会旋转一定角度，这个角度称为旋光角。如偏光面向右转，是右旋物质；向左转，则为左旋物质。引起旋光性的原因是石油中的胆甾醇和植物性甾醇分子为不对称结构。

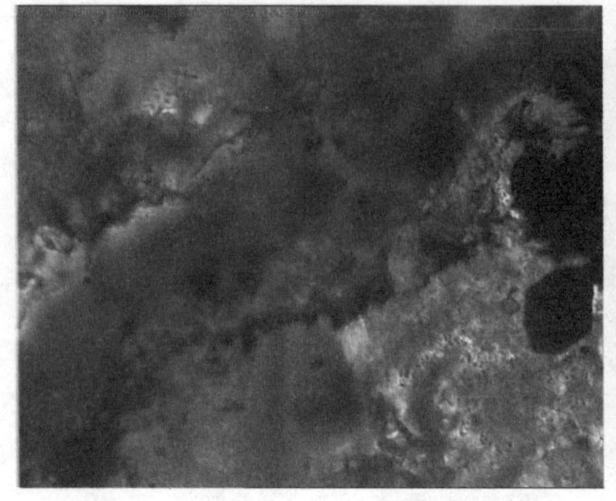
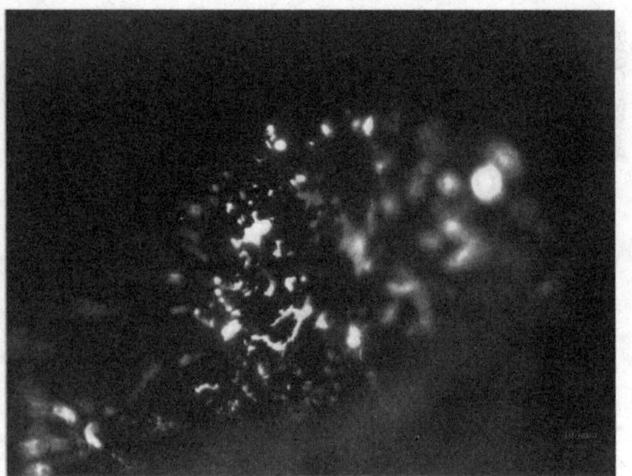

图1-3 石油的荧光现象

石油的分类

世界各地所产的石油，由于地质构造、生油条件和生油年代的差异，其化学组成和物理性质，有的有很大的不同，而有的又很相似，对其确切分类很困难。目前，国内外专家学者提出许多种石油的分类方法，通常从商品、地质、化学或物理等不同角度进行分类。比如从油源环境可分为海相油、陆相油；从有机质成熟度角度可分为未熟-低熟油、成熟油、高熟油；从其地球化学角度可分为石蜡型、石蜡-环烷型、环烷烃型、芳香-中间型、芳香-环烷型和芳香-沥青型石油等。

现重点介绍广为应用的石油化学分类法和商品分类法。

一、化学分类法

石油的化学分类以石油的化学组成为基础，通常用与石油化学组成直接有关的参数作为分类依据，如特性因数分类、美国矿务局关键馏分特性分类、相关指数分类、石油指数和结构族组成分类等，以前两种应用最广，通常认为，按这两种方法分类，对石油特性可得到一个概括认识，不同石油间可作粗略对比。

1. 特性因数分类法

多年来，人们欲寻找一个简单的物性指标来表示石油或油品的化学组成特性。特性因数是应用最普遍的一个特性参数。

特性因数K与油品的化学组成有关。当沸点相近时，烷烃的K值最大，环烷烃的次之，芳香烃的最小。因此，可大体按照其特性因数K值将石油分为石蜡基（$K>12.1$）、中间基（$K=11.5\sim12.1$）和环烷基（$K=10.5\sim11.5$）。

各种类型的石油在自然界中的分布是不均匀的，丰度最大的类型是石蜡基石油、石蜡环烷基石油和芳香中间基石油。

根据石油的馏分和组成特性可将石油进一步细分，见表1-1。

特性因数分类法多年来为欧美各国普遍采用，在一定程度上反映了石油的组成特性。通过这一方法分类，我们能够了解石油的分类、化学性质，确定加工方案，以及与其他一些物性一起确定油品的另一些物性。

但这种分类方法不能表明石油中低沸点馏分和高沸点馏分中烃类的分布规律，因此它不能反映石油中轻、重组分的化学特性。由于石油的特性因数K难以准确求定，因此这一方法并不完全符合石油组成的实际情况。

表1-1 石油分类

原油类型	主要特征
石蜡基石油	石蜡型石油由轻质石油和一定量的高含蜡和高沸点石油组成。密度通常低于0.85 g/cm³，胶质和沥青质含量低于10%，除高相对分子质量正构烷烃含量丰富以外，黏度一般都低。芳香烃含量是次要的，而且大部分由单、双芳香族化合物组成，含硫量很低
石蜡-环烷基石油	胶质、沥青质含量一般为8%~15%，芳香烃占25%~40%，含硫量低，一般为0~1%
环烷基石油	仅有少数石油属于此类，其正构加异构烷烃低于20%，是未成熟原油
芳香-中间基石油	一般由重质油组成，胶质、沥青质占10%~30%，芳烃占烃含量的40%~70%。密度一般高于0. 85 g/cm³，含硫量在1%以上
芳香-环烷基石油	油质重而黏，胶质加沥青质含量常常在20%以上，甚至高达60%
芳香-沥青基石油	油质重而黏，胶质加沥青质含量常常在20%以上，甚至高达60%

2. 关键馏分特性分类法

关键馏分特性分类法是将原油用Hempel简易精馏装置切取两个关键馏分，分别测定其相对密度，对照分类标准表确定两个关键馏分的基属（*石蜡基、石蜡环烷基和芳香中间基*），然后根据关键馏分特性分类表（*表1-2*）确定石油的类别。

第一关键馏分是指石油常压蒸馏250℃～275℃的馏分；第二关键馏分相当于石油常压蒸馏395℃～425℃的馏分，即在残压40 mmHg下取得的275℃～300℃的馏分。

我国对石油的分类现采用关键馏分特性分类法和硫含量分类法相结合的分类方法，把硫含量分类作为关键馏分特性分类法的补充，将硫含量低于0.5 m%的称为低硫，硫含量等于或大于0.5 m%的称为含硫（*表1-3*）。

表1-2　关键馏分特性分类

编号	第一关键馏分	第二关键馏分	原油类别
1	石蜡基	石蜡基	石蜡基
2	石蜡基	中间基	石蜡-中间基
3	中间基	石蜡基	中间-石蜡基
4	中间基	中间基	中间基
5	中间基	环烷基	中间-石蜡基
6	环烷基	中间基	环烷-中间基
7	环烷基	环烷基	烷基

表1-3　我国石油分类

石油名称	含硫量/m%	第一关键馏分d_4^{20}	第二关键馏分d_4^{20}	石油的关键馏分特性分类	建议石油分类命名
大庆混合	0.11	0.814(*K*=12.0)	0.850(*K*=12.5)	石蜡基	低硫石蜡基
克拉玛依	0.04	0.828(*K*=11.9)	0.895(*K*=11.5)	中间基	低硫中间基
胜利混合	0.88	0.832(*K*=11.8)	0.881(*K*=12.0)	中间基	含硫中间基
大港混合	0.14	0.860(*K*=11.4)	0.887(*K*=12.0)	环烷-中间基	低硫环烷-中间基
孤岛	2.06	0.891(*K*=10.7)	0.936(*K*=11.4)	环烷基	含硫环烷基

二、商品分类法

商品分类法又称工业分类法，是按原油的某一种性质进行分类，是化学分类的补充，在国际石油市场广泛采用。商品分类的依据很多，现只介绍根据石油的密度、硫含量、蜡含量进行的分类。

1. 按相对密度分类

石油的相对密度对其开采、储运和加工成本的影响很大。在国际石油市场上，石油按质论价，相对密度是反映其质量的一个重要指标。国际石油市场上常用的计价标准是按API度分类和硫含量分类。

——地学知识窗——

美国石油学会重度标准

American petroleum Institute gravity（API）简称API度，即美国石油学会重度标准。它与国际通用的密度的关系：

$$API度=\frac{141.5}{相对密度（15.6℃）}-131.5$$

2. 按硫含量分类

由于石油的硫含量对石油的炼制加工及应用有不利的影响，所以需按硫含量的大小对石油进行分类。一般把硫含量小于0.5 m%的称为低硫石油，硫含量在0.5 m%~2.0 m%之间的称为含硫石油，硫含量高于2.0 m%的称为高硫石油。

3. 按蜡含量分类

石油中蜡含量的高低对石油的开采、储运影响很大，会给生产带来许多问题。蜡又是重要的资源，可以制成一系列产品。因此，石油分类也有按蜡含量进行的。一般把蜡含量低于2.5 m%的石油称为低蜡石油，蜡含量在2.5 m%~10.0 m%之间的称为含蜡石油，蜡含量高于10.0 m%的石油称为高蜡石油。

Part 2 有机无机话成油

随着采油事业的兴起，石油成因引起了学者们的兴趣。由于对原始物质的看法不同，逐步形成了碳化物说、宇宙说、火山说等无机起源学说和动物说、植物说及动植物混合说等有机起源学说。

油气成因理论概说

从19世纪中叶开始，随着采油事业的兴起，石油成因引起了学者们的兴趣。由于对原始物质的看法不同，逐步形成了无机起源和有机起源两大学派。无机成因论者认为，石油是由自然界的无机物生成的；有机成因论者认为，石油是由自然界的有机物生成的。随着石油工业和石油地质学的迅速发展，有机地球化学成功地应用于石油成因和形成条件诸方面的研究上，石油有机成因理论得到进一步充实和发展。目前，石油有机成因说得到绝大多数石油地质学者的支持，特别是石油有机成因的晚期成油说在地质勘探工作中占主导地位。

其实，油气成因争论的核心是起源物质和油气生成过程。因此，油气成因学说历来是无机起源和有机起源两大学派的对垒。而在有机学派中，又分为早期成油说和晚期成油说两种。我们应该看到，任何成油理论，不管它多么完善，终归只是一种假说，不是终极真理，都有待发展和完善。我们必须用客观、发展的观点去对待它们，既不能完全迷信流行的新理论，也不能完全否定过时的旧理论。尽管目前油气有机成因理论日臻完善，并在油气勘探实践中发挥了重要作用，但并不能由此否定油气无机成因理论的科学价值。尤其是近20年来，一些无机成因天然气的发现，为无机成烃理论提供了依据，新理论和新手段的发展也为无机成油理论研究奠定了基础。

油气无机成因说

19世纪中叶，近代石油工业的兴起，引起了许多学者对油气成因研究的兴趣，各种无机起源学说应运而生。

一、主要的无机成因说

1. 碳化物说

最完整、最有影响的是1876年著名俄国化学家Менделеев提出的碳化物说。该理论认为石油是地下深处炽热的重金属碳化物与沿裂缝下渗的水相互作用而生成的。所生成的石油蒸气在涌向地壳过程中冷凝在多孔岩层中，当条件适宜时就可形成油气藏。

2. 宇宙说

1889年，另一无机学派的典型代表Соколов依据对太阳系中的木星、土星、天王星和海王星等行星的气圈及彗星的尾部等天体光谱分析，认为碳氢化合物是宇宙中固有的，在地球尚处于熔融状态时即已存在于大气圈中，后随着地球的冷却收缩，被凝结于地壳上部，并沿裂隙分离出来，当有孔隙性地层和其上被非渗透层覆盖时则可聚集成油气藏。

3. 火山说

1904年，Coste把石油起源与火山活动相联系提出了火山说，因为在岩浆岩内曾发现过石油、沥青。

二、无机成因说的依据和缺陷

无机成油学说的基本观点是石油是在地下高温、高压条件下形成的而非生物成因。其主要依据：

一是在实验室用无机C、H元素合成了烃类。例如，著名的俄国化学家门捷列夫很早就在实验室中由无机的碳化物合成出烃类。

二是在岩浆岩内曾发现过石油、沥青。如东太平洋海隆、红海、冰岛，我国的五大连池、云南腾冲等火山区，均发现有这类成因的天然气，许多含油气盆地都已在火山岩储层中发现了油气聚集。

三是在宇宙其他星球大气层中发现有碳氢化合物存在。

四是天体的光谱中有烃类的显示，陨石中已检测到烃类化合物。如在水星、土星、天王星、海王星等的气圈及彗星的尾部都有发现，在陨石中发现有碳氢化合物及氨基酸等100多种。

五是认为用有机观点对世界上有些大的沥青矿（如加拿大的阿萨巴斯卡沥青矿，储量达856亿t）不能作出令人满意的解释。

按照这一学说，无机成因油气不仅存在，而且远景巨大，有可能比有机成因的油气潜力大得多，其蕴藏量几乎是取之不尽的，较典型的是对中东油气富集的认识。但是，随着油气勘探的不断深入，越来越多的事实用无机学说无法自圆其说。例如，世界上已发现的油气田99.9%都分布在沉积岩中，只有极少数石油分布在岩浆岩和变质岩中，且这少数石油也被证明是从沉积岩中运移而来的；大量油田测试结果显示，油层温度很少超过100℃，有些深部油层温度可以高达141℃，而超过250℃时烃类就会发生急剧而彻底的裂解，生成石墨及氢气，说明石油不可能在高温下形成；石油中的卟啉化合物、异戊间二烯型化合物、甾醇类、石油的旋光性都证明石油是在低温下由生物有机质生成的。

石油地质工作者对近代沉积的研究成果表明，在近代沉积中确实存在着油气生成过程，至今还在进行着，生成的数量也很可观。并且，在实验条件下，用有机质进行地下条件模拟，转化出了烃类，这为有机成因学说提供了有力的科学依据。

油气有机成因说

19世纪中叶以来，不少研究者根据自己的观察和实验，提出成油原始有机质以低等动物为主的“动物说”，以藻类为主的“植物说”，以及“动植物混成说”。

进入20世纪，1906年Potonie进一步发展了“混成说”。1932年，Кyькин提出母岩的概念，认为富含分散有机质的淤泥就是生成石油的母岩，母岩在细菌和地质作用下形成分散石油，然后在负荷增加条件下挤入多孔地层。这使有机成油说成为较完整的学说，如图2-1所示。

一、早期成油说

Whitmore（1943~1945）等人在海藻和细菌中检测出了烃类。据估计，海洋植物每年可产生12×10^{6}t烃，如果有0.01%

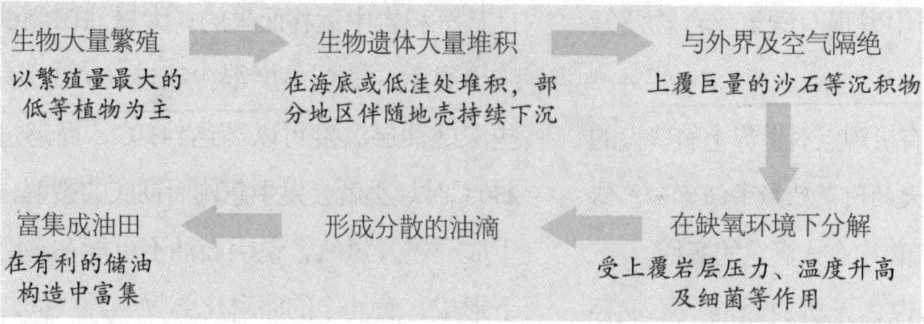

生物大量繁殖
以繁殖量最大的低等植物为主
生物遗体大量堆积
在海底或低洼处堆积，部分地区伴随地壳持续下沉
与外界及空气隔绝
上覆巨量的沙石等沉积物
在缺氧环境下分解
受上覆岩层压力、温度升高及细菌等作用
形成分散的油滴
富集成油田
在有利的储油构造中富集

图2-1 油气有机成因示意图

被保存下来，那么1亿年即可满足世界石油储量，因此得出石油仅仅是生物体中固有烃类的富集。这是最初的早期成油说，或称为“原生说”。

Smith（1950~1954）将先进的测试分析技术引入对墨西哥湾及各种环境的现代沉积物中烃类的分离和鉴别，将现代沉积物中烃类研究提高到分子级水平，并将这些烃类的组成与某些原油进行对比，具有明显的可比性，因此得出“石油是早期生成的烃类富集而成”的认识。

史密斯（P.V.Smith，1954）引进先进分析技术，首次在现代沉积物中发现了烃类。这是一次飞跃性的突破，为此获得了诺贝尔奖。这一时期，研究者从地质学、地球化学及生物学等方面，从成烃母质、成烃过程、地球化学条件及物理-化学环境等环节论述了石油的早期形成与聚集。

二、晚期成油说

20世纪50年代中期开始，由于色谱特别是气相色谱技术的应用，地质体中微量可溶有机质的研究得到了快速发展。

Bray & Evans（1961）和Cooper（1963）提出，现代沉积物和生物体中的正烷烃、正脂肪酸与古老沉积物和石油中的不同，现代沉积物中烃类丰度极低，难以构成大规模油气聚集。这一发现动摇了沉积有机质直接成油（早期成油说）的观点，为有机质高温降解成油理论的发展开辟了广阔的前景。

随着石油工业和石油地质学的迅速发展，有机地球化学成功地应用于石油成因和形成条件诸方面的研究上，石油有机成因理论得到进一步充实和发展。大量研究表明，石油的生成不仅是烃类的富集过程，更主要的是烃类的一个新生过程（图2-2）。在有机质改造过程中，只有达到一定温度或埋藏深度时，有机质才能大量转化成石油。由于这些研究显示大量生油阶段是有机质处于成岩作用的晚期阶段，同时认为生油原始物质主要是岩石中的不

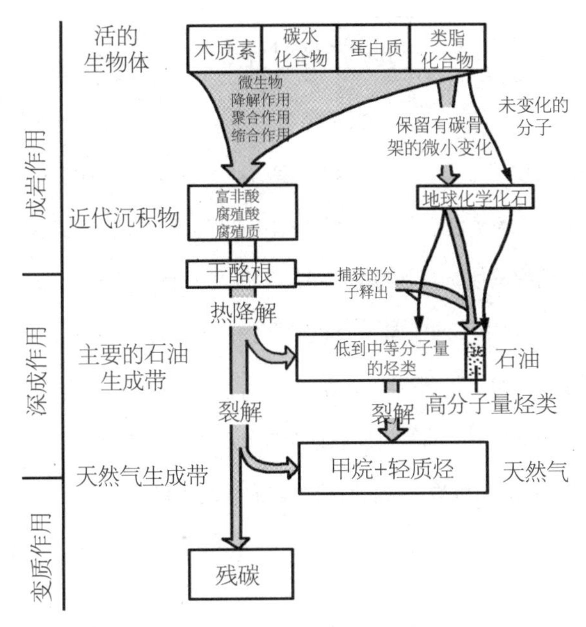

图2-2 有机物质演化生油的烃类来源示意图

地球化学化石代表了深部烃类第一类烃类来源（以全黑色箭头表示），干酪根的降解作用代表了第二类来源（以灰色的箭头表示）

溶有机质——干酪根，因此这一时期逐步形成了干酪根晚期成油理论。Tisoot & Welte（1978）和Hunt（1979）先后出版了两部专著，对这一成烃理论作了系统、科学的论述，形成了一个相当完整的现代成油理论体系。

按照这一有机成油理论，油气生成需要满足两个基本条件：一是存在有利于石油生成的丰富有机质，二是存在有机质向石油转化的条件。

1. 生成油气的有机质

根据油气有机成因理论，生物体是生成油气的最初来源。细菌、浮游植物、浮游动物和高等植物等生物死亡之后的残体经沉积作用埋藏于水下的沉积物中，经过一定的生物化学、物理化学变化形成石油和天然气。在不同的沉积环境中，生物的天然组合类型不同，决定了沉积物中有机质的组合类型不同，这些有机质类型主要有类脂化合物、蛋白质、碳水化合物及木质素等四大类。但是，生物有机质并非是生油的直接母质。生物死亡之后，与沉积物一起沉积下来，构成了沉积物的分散有机质，这些有机质经历复杂的生物化学及

——地学知识窗——

干酪根

干酪根又称为油母质、油母。来源于希腊字“keros”，是“蜡”的意思。1912年，杜威(A.G.Duown)首次用该术语表示苏格兰油页岩中的有机物质，经过蒸馏生产蜡状稠油。以后的学者通常将干酪根与生油母质联系起来。1980年，杜朗（B.Durand）在《干酪根》一书中将其定义为:沉积物中不溶于常用有机溶剂的所有有机质，包括各种牌号的腐殖煤（泥炭、泥煤、烟煤、无烟煤)、藻煤、烛煤、地沥青类物质（天然沥青、沥青、焦油矿中的焦油）、近代沉积物和泥土中的有机质。这个定义的内涵太广泛，于是将其简化为:干酪根是沉积物中溶于非氧化的无机酸、碱和有机溶剂的一切有机质。干酪根是由腐黑物进一步缩聚来的，被认为是生油原始物质。它在沉积岩中分布非常广泛，占了沉积物中总有机质的70%~90%。

化学变化，通过腐泥化及腐殖化过程才形成一种结构非常复杂的生油母质——干酪根，成为生成油气的直接先驱。

干酪根的形成实际上在生物体衰老期就已经开始，直到生物死亡被埋藏下来的成岩作用早期，有机组织发生化学及生物降解和转化，结构规则的大分子生物聚合物（如蛋白质、碳水化合物）部分或完全被分解形成一些单体分子，它们或者遭破坏，或通过腐泥化或腐殖化作用发生缩合或聚合，形成结构不规则的大分子。这些地质聚合物是干酪根的先驱，但还不是真正的干酪根。在沉积成岩过程中，在还原环境下，由于厌氧细菌的作用，发生去氧加氢富碳作用，地质聚合物变化得更大、更复杂、更不规则，这时干酪根才真正形成起来，如图2-3所示。

2. 有机质向石油转化的条件

生物有机质的存在及其数量的多少，是油气生成的内在物质基础。要生成大量的油气，必须有足够的生物有机质，这就要求有利于生物的大量生长和繁殖的环境。另一方面，有机质在陆地表面易被氧化，不易保存，需要有保存条件。此外，还要求有利于有机质大量向油气转化的地质条件。这种有利于有机质大量堆积、保存和转化的地质环境受区域大地构造和岩相古地理条件的控制。

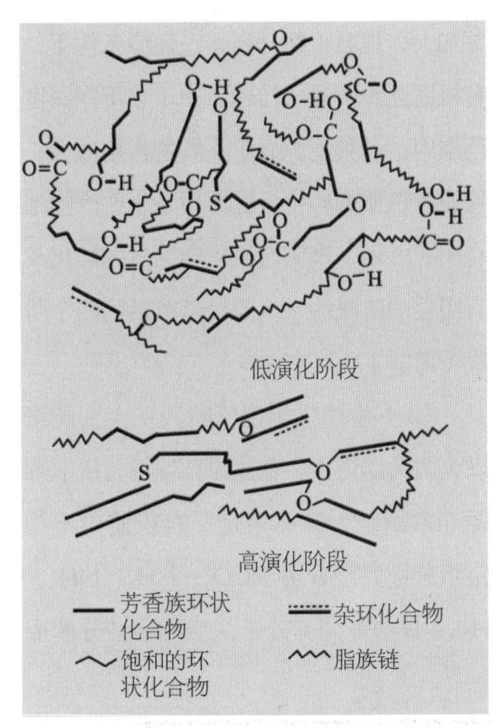

图2-3 干酪根的基本化学组成

大地构造条件主要是指在地质历史上曾发生过持续下沉的沉积盆地。沉积盆地能为油气生成、运聚提供有利场所。在大型沉积盆地内，断裂分割或沉降速度的差异，造成盆地起伏不平，出现许多次级凸起与凹陷，使有机质不必经过长距离搬运便可就近沉积下来，避免途中氧化。

岩相古地理条件主要是指最有利于油气生成的古地理区域。比如在三角洲地区，陆源有机质源源不断地搬运而来，加上原地繁殖的海相生物，致使沉积物中的有机质含量特别高，是极为有利的生油区

——地学知识窗——

海相生油与陆相生油

海相生油是指石油是由海相沉积地层中生成的。由于世界绝大多数大油田的生油岩层都属于海相沉积，在石油地质勘探工作的早期，逐渐形成海相生成大油田的认识。

陆相生油是指石油是由非海相沉积地层中生成的。在石油地质勘探的早期，大多数地质学者认为大油田是海相地层的产物，并以此作为寻找石油、天然气的主要方向。大约从20世纪30年代起，世界各地陆续发现了产于非海相地层的石油和天然气。

唯海相生油论在相当一段时间内很盛行，在国外尤其得势。只有Крзг（1923）认为陆相植物是石油的原始物质，南廷格尔曾于1939年探讨过陆相生油的可能。20世纪40年代，我国学者潘钟祥、黄汲清等力排众议，以中国油田实例丰富的资料雄辩地论证了陆相生油是客观存在的现实，动摇了唯海相生油论，而今已很少有人再反对陆相生油了。

域；至于海湾及潟湖，属于半闭塞无底流的环境，也对保存有机质有利。大陆环境的深水、半深水湖泊是陆相生油岩发育区域：一方面，湖泊能够汇聚周围河流带来的大量陆源有机质，增加了湖泊营养和有机质数量；另一方面，湖泊有一定深度的稳定水体，提供水生物的繁殖发育条件。特别是近海地带深水湖盆，更是最有利的生油坳陷，因为那儿地势低洼、沉降较快，能长期保持深水湖泊环境，保持安静的还原环境。

3. 石油生成的阶段

生物有机质随沉积物沉积后，随着埋深加大，地温不断升高，在还原条件下，有机质逐步向油气转化。由于在不同深度范围内，各种能源显示不同的作用效果，致使有机质的转化反应性质及主要产物都有明显区别，表明有机质向油气的转化具有明显的阶段性，主要可以概括为四个阶段（图2–4）：

（1）生物化学生气阶段：主要能量以细菌活动为主。在还原环境下，厌氧细菌非常活跃，其结果是：有机质中不稳定组分被完全分解成CO_2、CH_4、NH_3、H_2S、H_2O等简单分子，生物体被分解成

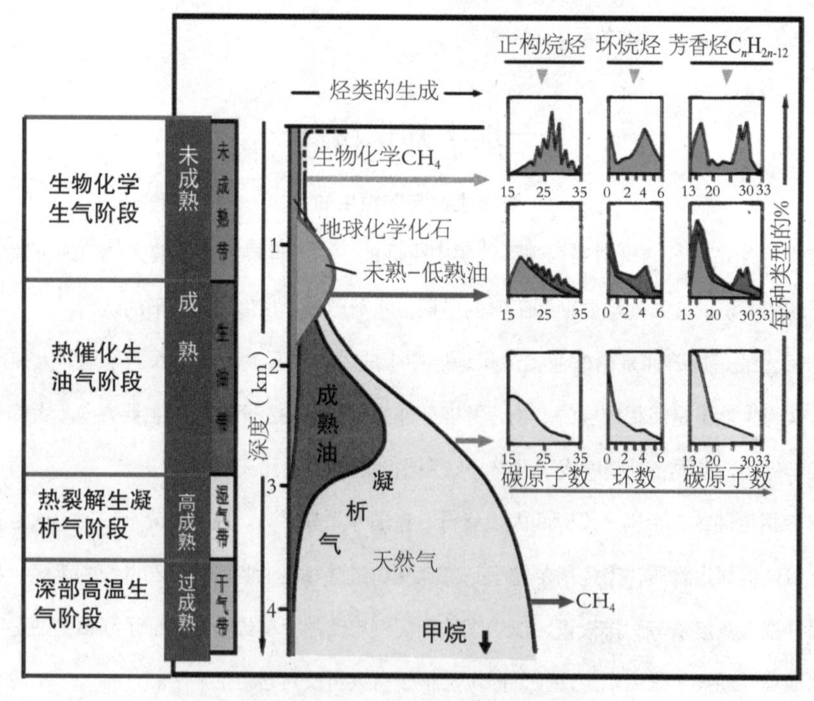

图2–4　有机质向油气转化模式示意图

——地学知识窗——

液态窗

液态烃类能大量形成并保存的温度区间。它是由普西（W.C Pusey）于1973年提出的。普西根据开采油气田的经验数据和实验室的实验结果，将65.6℃～148.9℃这个温度范围称为液态烃的窗口。

分子量低的生物化学单体（苯酚、氨基酸、单糖、脂肪酸），这些产物再聚合成结构复杂的干酪根。

（2）热催化生油气阶段：进入此阶段，干酪根发生热降解，杂原子（O、H、S）键破裂产生二氧化碳、水、氨、硫化氢等挥发性物质逸散，同时获得大量低分子液态烃和气烃，是主要生油时期。国外称为“生油窗”或“液态窗”。有机质进入油气大量生成的最低温度界限，称为生烃门限或成熟门限，所对应的深度称为门限深度。

（3）热裂解生凝析气阶段：此阶段温度极高，继续断开杂原子官能团和侧链生烃外，大量C–C链断裂、环烷烃的开环和破裂，长链烃急剧减少，C25以上趋于零，低分子的正烷烃剧增，加少量低碳原子数的环烷烃和芳烃。在地下呈气态，采到地上反凝结为液态轻质油，这是进入了高成熟期。

（4）深部高温生气阶段：此阶段已形成的液态烃和重质气态烃强烈裂解，变成最稳定的甲烷，干酪根残渣释出甲烷后，进一步缩聚形成碳沥青或石墨。

——地学知识窗——

生油门限

生油门限是指生油岩开始大量生成石油所需要的温度。不同地区有不同的门限温度。在稳定的地台区，特别是年轻的地层，由于构造变动和缓，可以把目前的地温和地温梯度（据井温测井求得）近似地看作生油时期的古地温及古地温梯度。然而，在变动激烈的地区，由于地层可能经历频繁升降，必须设法求出油气生成时期可能的最大古地温及其梯度。不同类型的干酪根的门限温度也有所不同，这对于油气的勘探是十分有意义的。

Part 3 盆地凹陷找油藏

石油作为工业的“血液”，不仅是一种不可再生的商品，更是国家生存和发展不可或缺的战略资源。有了石油成因理论的指导，如何找到石油就显得格外重要了。

从盆地说起

石油深埋地下，如何才能探知哪些地方有石油呢？为了说清这个问题，还得从“盆地”说起。

盆地，形象地说，就像一个盆子坐在地壳之上。地壳表面是起伏不平的，凹下去的区域就叫作“盆地”。

地貌学上，“盆地”是指大陆上四周被山脉、丘陵所包围的低地，在大洋中是指四周被海底山脉、大陆、岛屿所包围的海底洼陷地区。盆地有的被水体所占据，成为海盆或湖盆，如中国的南海盆地等；有的则直接暴露在大气之下，成为一个干盆，如四川盆地、柴达木盆地、塔里木盆地、准噶尔盆地等。

地质学上必须是有沉积物充填的凹陷才能称为盆地。在漫长的地质历史时期，四周被隆起高地（或海底高地）所包围的汇水盆地（或海盆）成为洼陷，周围高地的碎屑物质被江河或海流挟带而来沉积在洼陷中，由于洼陷不断下沉，使沉积物不断加厚，这种接收沉积的洼陷就叫作沉积盆地。

盆地有大有小，面积从几十平方千米到几十万平方千米都有。由于盆地发育的时间有长有短，下沉幅度及沉积速度也有差异，造成了沉积物厚度也很悬殊，从几十米到几千米甚至上万米。这些沉积物含有丰富的有机物质，这就是生成石油的物质基础。由于盆地内不但能生油，而且能储油，所以盆地对寻找石油就至关重要了，世界各国的石油勘探多在盆地内进行。

生成石油的岩层叫生油层。根据现代成油理论，在漫长的地质进程中，生油层的上面又沉积了许多沙子，经过胶结，散沙变成了有孔的砂岩，砂岩是储集石油的良好场所，如果里面含油，就叫油层。这时因生油层中的石油受到重压，会像榨油一样被挤出来流进储油层。储油层的上面是坚硬致密无缝的沉积岩层，沉积岩层像被子一样把储油层严实地盖了起来，这就是盖油层（盖层）。如果在油层四周有几条断层，断层会像几道“墙壁”似的把石油装进每一个“房间”里，只要不遭到破坏，已进来的石油再也跑不了啦，能保存千万年，这就是油气藏，其主要类型见表3-1。

表3-1　主要油气藏类型

背斜油气藏	挤压背斜油气藏	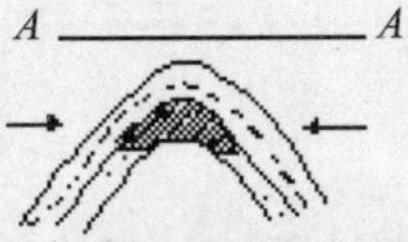
	基底升降背斜油气藏	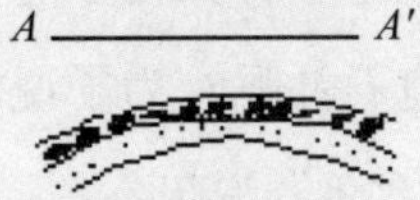
	底辟拱升背斜油气藏	
	披覆背斜油气藏	
	滚动背斜油气藏	
断层油气藏	断鼻油气藏	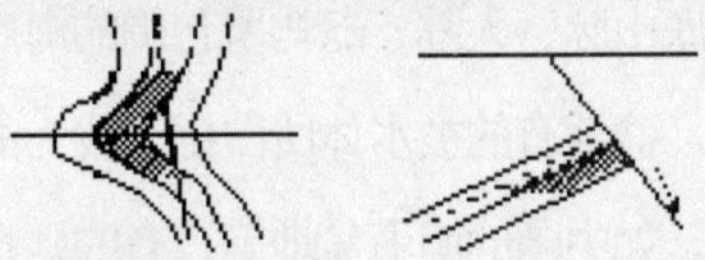
	弧形断层断块油气藏	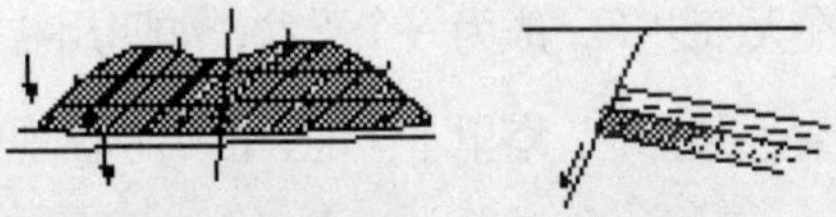
	交叉断层断块油气藏	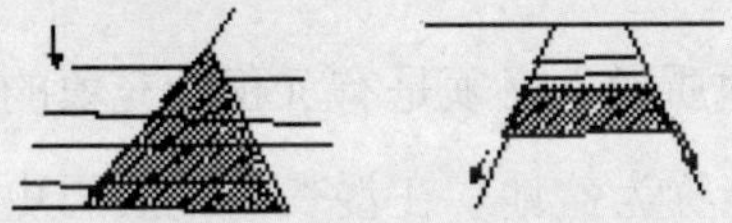
	复杂断层断块油气藏	
	逆断层断块油气藏	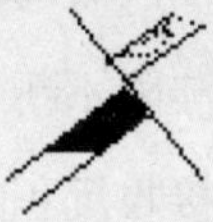

（续表）

构造裂缝油气藏		
岩体刺穿油气藏	盐体刺穿油气藏	
	泥火山刺穿油气藏	
	岩浆岩体刺穿油气藏	
地层不整合遮挡油气藏	潜伏剥蚀凸起油气藏	
地层不整合遮挡油气藏	潜伏剥蚀构造油气藏	
地层超覆油气藏		
生物礁油气藏		
岩性上倾尖灭油气藏		
岩性透镜体油气藏		

（续表）

构造鼻型水动力油气藏		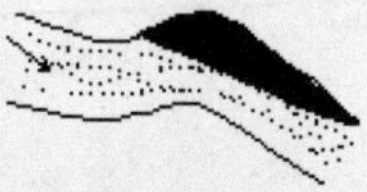
单斜型水动力油气藏		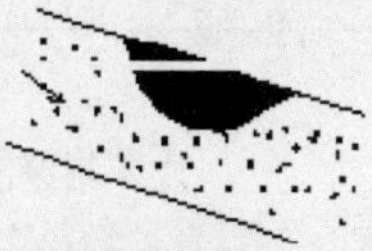
构造-地层油气藏		
构造-岩性油气藏		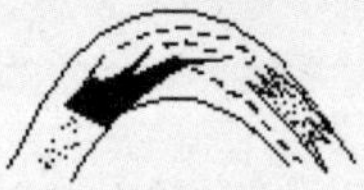
岩性-水动力油气藏		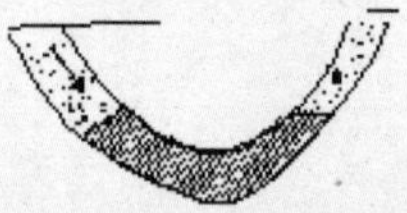

这里要特别说一下什么是油层。我们知道，地下是没有什么“石油河”“石油海”的，而石油是储藏在地下具有孔隙、裂缝或孔洞的背斜构造中的，储藏石油的岩层就是油层。岩石的种类很多，已经被人们认识的就有100多种，如花岗岩、玄武岩、大理岩、石灰岩、砾岩、砂岩、泥岩、页岩等。但是，并不是所有的岩石都能成为油层。能够形成油层的岩石必须具备两个条件：一是具有孔隙、裂缝或孔洞等石油储存的场所；二是孔隙之间、裂缝之间或孔洞之间相互贯通，构成石油流动的通道。当前世界上常见的油层种类很多，主要有砂岩油层、砾岩油层、碳酸盐油层和火山岩油层等。

石油的寻找

原来，石油是深埋在地下油层中的。后来，由于地壳运动的破坏，地下岩层发生断裂，产生许多裂缝，有一部分石油就沿着这些裂缝流到了地面。在石油勘探中，把流到地面的石油叫作“油苗”。油苗是寻找石油的重要标志，一经发现，就不要轻易放过。

石油是地质发展过程中的产物，油田是油气地质发展过程中生成、运移、聚集的结果。通过地质调查，用各种地质–地球物理勘探方法（如重力、地面磁力、航空磁力电法、地震、勘探等）、地球化学勘探方法、浅钻井、深钻井等方法，对不同地区、不同地质条件、不同类型的油田，经过由粗到细、由浅到深、由表及里的逐步加深认识的三个阶段，把石油找到，并把它探明清楚。

一、石油寻找的步骤

首先，要揭开盆地的秘密，必须选准找油的主攻方向。就是说，要了解地质历史上这个沉积盆地是什么性质的盆地，盆地里面堆积的是什么地层，它的内部结构是什么，综合分析盆地的生油、储油、运移、聚积和保存条件，评价盆地的含油远景，从而选准找油的主攻方向。

第二步，在找油主攻方向内，找出石油聚集的构造带，整体解剖，钻探构造带，迅速拿下油田。

第三步，探明油田面积，计算油田地质储量、搞清油层的产能和压力情况，准备投入开发。

二、石油勘探过程

下面看看勘探人员是如何历尽千辛万苦找到石油的吧！

1. 地质勘查

地质学家会分析这个区块的地质构造是不是海相沉积等，如图3–1所示。

2. 物探

地震勘探找出目的区块的砂/泥岩层位。

这个工作主要由物探部门来完成。地震勘探，就是用人工制造地震波，通过接

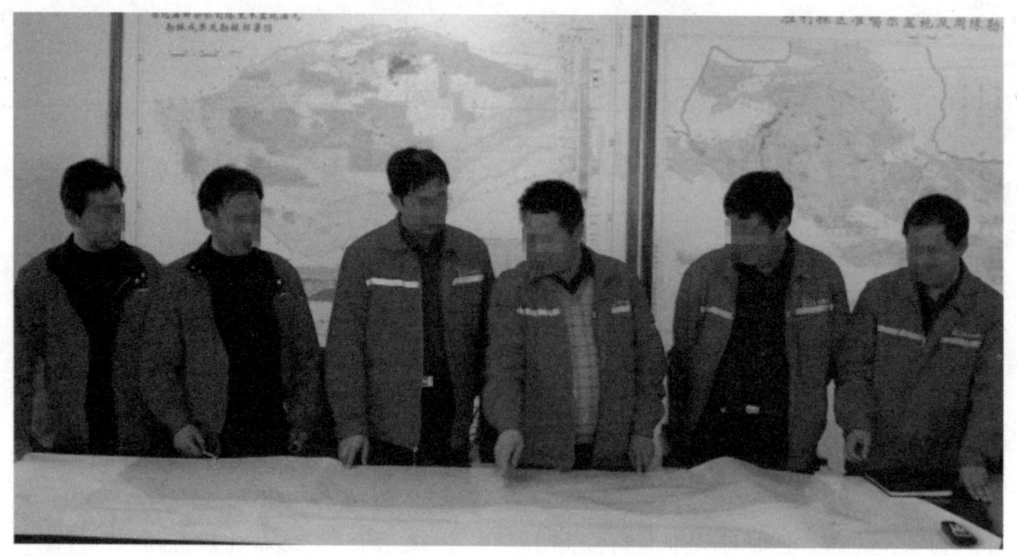
图3-1　地质学家分析会

收地层反射的地震波来研判地层构造，从而分析出地下是否具备生油和储油条件。其简单过程如下：

（1）先按照设计测量确定激发地震波和接收地震波的位置。把设计从图纸落实到实地，需要非常细致的工作，误差以厘米计算，如图3-2所示。

（2）按照一定的组合方式钻几个或几十个30~50 m深的“井”（图3-3，图3-4），埋下炸药。

（3）按照设计的位置和组合方式埋置接收地震波的检波器（图3-5）。

（4）用地震仪器遥控引爆埋在井内的炸药，激发地震波，地震仪器通过检波器同步接收记录爆炸产生的地震波。这个记录声波的仪器非常灵敏，人的走动都会对其产生影响，会产生杂波干扰，如图3-6所示。

图3-2　GPS系统定位测量

图3-3 塔克拉玛干大沙漠打井

图3-4 山区勘探打井

图3-5 检波器需要勘探队员扛上山

图3-6 激发炸药的爆炸机（左）和地震仪器车内部（右）

（5）用高性能计算机（银河、星云等）计算地震波在地层中的传播速度，借此来分析地层，判断沙/泥岩层位深度。如图3-7所示。

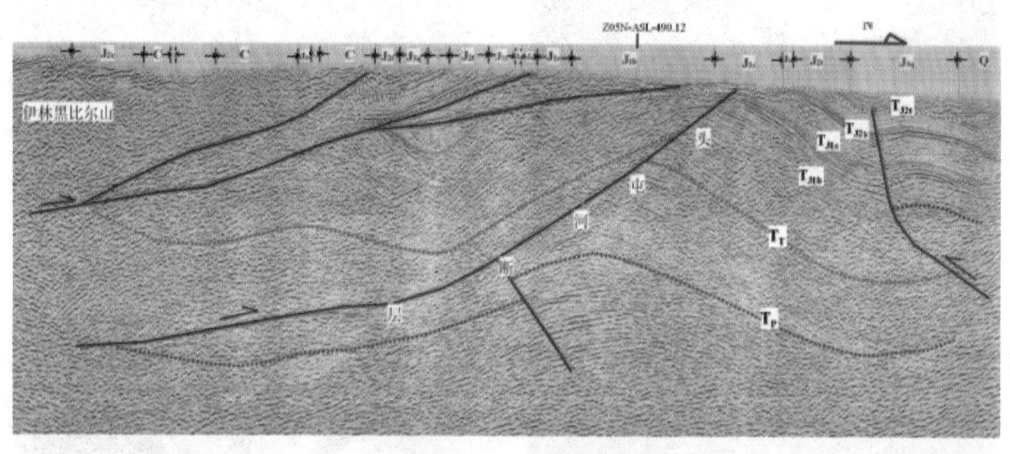

图3-7 地质剖面图（红线表示断层，其他颜色线表示地层）

3. 数据处理分析

物探、勘探的处理数据交给专门的数据分析部门进行分析研究。数据分析部门进行分析研究后，设计目的区块的钻井方案，然后钻井队就开始钻井了。

4. 钻井

钻井队会先在目的地钻1~2口井，称为预探井，目的是判断这个区块的地质分层究竟是否含石油，若含有石油，则判断其丰度、渗透率等如何。

5. 测井

测井的目的：钻井队打的井是不是符合设计要求，如井斜、水平段等；评价地层中是否有石油；若存在石油，其层位多少、深度多少，哪些层位有开采价值。

6. 完井、射孔

进行压裂地层，扩大射孔射开的缝隙，使石油能更快地流入套管。

7. 采油

采油队装采油机器，俗称磕头机或抽头机，此时，石油就被开采出来了。

——地学知识窗——

孙建初骑骆驼找油

孙建初（1897—1952），字子乾，1927年毕业于山西大学，学有独到，从事地质调查勘探工作20余年。外国学者称孙建初为“中国石油之父”，中国人称他为“中国石油奠基人”。

1937年，抗日战争爆发，石油来源断绝。1938年冬，孙建初等一行9人，骑骆驼顶寒风，在戈壁滩上开始石油勘探，他带领地质人员在酒泉盆地和河西走廊地区进行地质普查、构造细测，于1939年发现了老君庙油田。抗战期间，中央红军到达陕北，成立新的延长石油厂，在恢复老井生产的同时，还发现了七里树油田。

Part 4 油藏开发擒油龙

通过地质勘探，发现有工业价值的油田以后，就可以着手准备开发油田的工作了。由于各个油田的地质情况不同，天然油层能量的大小不同，原油的性质不同，因而对不同油田应采取什么样的开发方式，又怎样合理布置生产井的位置，油田的年产量多少为好，这些都是油田投入开发之前必须认真研究和确定的原则性问题。油田埋藏地下，是个隐藏的实体，在开采过程中，其内部油、气、水是不断流动着、变化着的，这种流变性是其他固体矿藏所不具有的特点。总的来说，油田开发的过程是一个不断认识、不断调整的过程，需要专业石油人具有先进的认识方法和改造技术，才能实现有效开发。

判断油藏类型

所谓油藏，就是指可以值得作为单元开发对象的含油体，可以是一个油层，也可以是一组性质近似的几个油层。一个油藏可以是一个油田，而一个油田也可以包含几个油藏。油田开发，一般是以油藏为单元来考虑的，开发之前必须按油藏为单元搞清地质情况。

油藏以含油体形态为主要依据划分，可分为层状油藏和块状油藏。如以圈闭条件为基础划分，可分为构造油藏、地层油藏和岩性油藏。

构造油藏的基本特点在于聚集油气的圈闭是构造运动使岩层发生变形和移位而形成的。它的类型还可以细分，其中最主要的有背斜油藏（图4-1）和断层油藏。

地层油藏是指因为地层因素造成遮挡条件，在其中聚集油气而形成的油藏。地层油藏类型又有地层超覆油藏和地层不整合油藏的区别。

岩性油藏主要是由砂岩被泥岩所包围而形成一个岩性尖灭圈闭和透镜体圈闭，在其中聚集油气而形成的油藏。

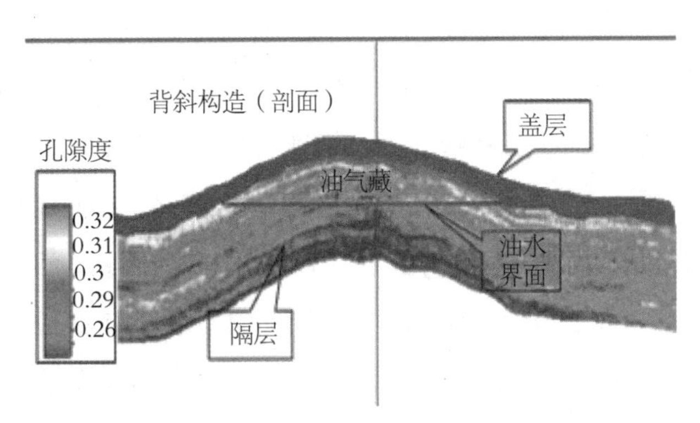

图4-1　背斜油藏

——地学知识窗——

圈闭

储集层中可以阻止油气继续向前运移，并在那里储存起来成为油气聚集的场所。这是1934年由麦科克夫（E.H.McCough）提出的比背斜理论更具概括性的油气成藏理论。圈闭是油气聚集不可缺少的条件之一。圈闭条件的构成，可以是地层向上弯曲成为背斜（背斜圈闭），也可以是储集层沿上倾方向与非渗透层以断层相接(断层圈闭)，也可以是储集层沿上倾方向被非渗透层不整合覆盖（地层圈闭），或是储集层沿上倾方向发生物性变差或发生尖灭（岩性圈闭），以及前述诸因素的组合（复合圈闭）等。

油田开发的方式及方法

油藏的多样性，决定了油田开发方式的多样性。人们通过长期的实践和科学的探索，对油田实行有效开发的方式、方法是很多的。归纳起来大体有四种开发方式：一是保持和改善油层驱油条件的开发方式；二是优化井网有效应用采油技术的开发方式；三是特殊油藏的特殊开发方式；四是提高采收率的强化开发方式。

一、利用天然油层能量的开发方式

油气要有一定的能量，驱使它从油层流到井，并上升到地面。这种能量在各个油藏中的存在条件是不一样的。一般来说，一个油气藏中，由于地层压力的作用，油气和岩石都具有一定的弹性能量；油中含有较多的天然气，当压力下降到一定程度后，这些溶解在油中的天然气就会逸出，而产生气驱油的能量；油藏中的水（边水或底水）随着采油过程会发生流动，产生水驱油的能量。这些在油藏中自然具备的能量，在油藏开发初期都能很好地发挥作用，因此，油田开发中都应该充分地加以利用。实践告诉人们，一个油藏中的天然能量是有限的，能发挥作用的时间是很短的，尤其是油中的溶解气，随油一起被采出以后，地下原油就会收缩，黏度增大，这样就会直接加大采油的难度，最终降低了原油的采收率。因此，现在在油田开发中，对天然能量只利用弹性驱油能量，对溶解气驱油能量是不加利用的，并要给予保护，使得天然气在油层条件下不从油中分离出来，这样就产生了保持或改善油层驱油条件的问题。

二、保持和改善油层能量的开发方式

从油藏中采出了油和气，这就会使地下发生亏空，从而降低地下原有的能量。为保持地下足够的驱油能量，势必向油藏中再注入相应体积的东西去弥补采出的亏空。现代油田开发中，一般采用注水或注气的办法来保持油层能量。因为水和气比较容易注入油层，来源又比较丰富，一般都可以就地取得，自然也就比较经济，以水换油或以气换油是很值得的。注气，一般就是用油藏中采出的天然气，通过专门的注气井再回注到油层的高部位中去。注水，又可分为边部注水、底部注水和内部注水三种。边部注水和底部注水，即分别从油藏的边水和底水里注入，来弥补地下亏空，使注入水与原来的边水和底水一起驱油到采油井里去；油田内部切割注水是因为边水（或底水）离采油井太远，在边部和底部里注入难以发挥作用的情况下，就采取在油层内部注水，以水挤油，驱油向采油井流动。无论是注气还是注水，都要根据不同油藏的具体地质条件、实际需要和可能来进行，而且在油藏的什么部位注入，注入的水或气的具体要求及处理，以及注入技术工艺、注入量多大为适宜等等，都需要经过专门的研究和设计，并通过现场试验后，逐步实施完成。

三、自喷井采油开发方式

凡是油井能够自喷采油的油田（或油藏）称为自喷井（图4-2）。自喷井油层压力比较大，驱油能量比较足，油层的渗透率比较高，是油田开发中最为理想的一种开采方式。因为自喷采油易于管理，采油成本比较低，所以这样的油田（或油藏）更应该及时地实行注水，以

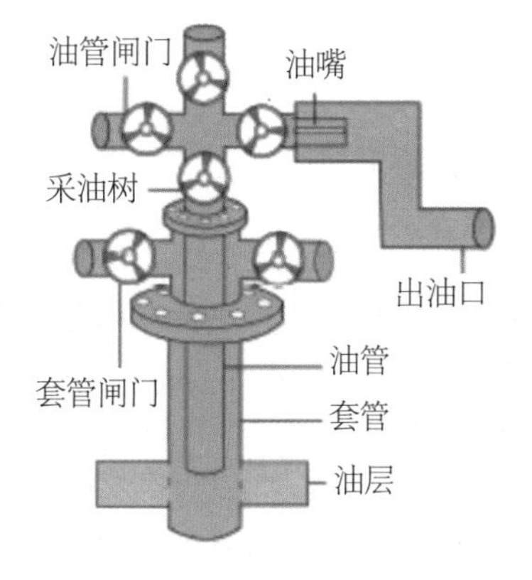

图4-2 自喷井示意图

保持油层内的足够驱油能量，使油井能延长自喷期。但是，一个油田的自喷期毕竟也是有限的，之后总是要转到用机械采油方式继续开采。

四、机械采油开发方式

有的油藏能量低，渗透性差，油井初始即不能自喷；可自喷开采的油藏，在油井含水达到一定程度后就不再自喷了。这两种情况下都只能用机械开采的方式来进行。机械采油方式的油藏同样需要给予补充能量。机械采油的方法和技术有很多种。

五、热力采油开发方式

这主要是针对稠油油藏（在油层温度条件下，地下原油黏度大于100 mPa·s）的开发而采用的一种方式。其基本原理主要是通过向油层注入热水或蒸汽，提高油藏温度而降低原油的黏度，提高原油的流动度，然后把它开采出来。热力采油又可分为以下几种方法：

1. 蒸汽吞吐法

先向生产井内注入蒸汽半个月左右（每天注150 m^3左右的水烧成的蒸汽），然后关井几天，使注入的热量在井筒周围的油层中扩散，再开井生产。此为一个蒸汽吞吐周期，以此循环往复进行。但随着周期次数的增加，注汽量也应逐渐增加，而产油量下降，且周期也越来越短。

2. 蒸汽热水驱油法

由注入井向油层内注入若干倍于油层孔隙体积的蒸汽（或热水），使它逐渐向外扩散，蒸汽随着压力和温度在地层中不断下降，也就凝成为热水，由蒸汽和热水驱动而达到顺利采油的目的。

3. 火烧油层

从注入井向油层连续注入助燃剂（空气），同时用井下点火器将油层点燃（加热到原油能自燃的温度）而发生燃烧，使附近的原油蒸发和焦化。轻质油蒸气随燃烧前缘逐渐向外流动，直至生产井被采出。焦化的重烃则可继续燃烧提供热量。

油层燃烧温度可为250℃~500℃，使稠油、重质油可以降黏，且在油气热膨胀及轻油稀释汽的驱替作用下被开采出来。使用此法最高采收率为50%~80%。对油田实施热采开发，除因其原油性质特殊所决定外，对其地质条件也有一定的要求，即油层厚度要大些，埋藏深度要浅些（<1 500 m），且孔隙度要大于25%，渗透率要达到50×10^{-3} μm^2，这样的油藏才能获得较好的热采效果和经济效益。

热采仅是开发稠油油藏的一种方式，除此之外，还有降黏开采法、稠化水开采法等等。另外，特殊油藏还有其他类型的，如凝析油藏，又应该以不同的开发方式来开采。

六、强化开发方式

这主要是当油田进入开发后期，为进一步提高油田的采收率，针对不同情况所采取的各种开采方式。现在一般把强化开发方式作为三次采油的开采方法。

以上所述的种种开发方式，花样繁多，但是，一个油田的开发方式总是由具体的油藏条件决定的，并且随着这个油藏开发进程的需要而变化，还随着科学技术的发展而不断发展。

石油开发简史

一、古代石油的发现与使用

早在公元前10世纪之前，古埃及、古巴比伦和古印度等文明古国已经采集天然沥青，用于建筑、防腐、黏合、装饰、制药等领域，古埃及人甚至能估算油苗中渗出石油的数量。楔形文字中也有关于在死海沿岸采集天然石油的记载："它黏结起杰里科和巴比伦的高墙，诺亚方舟和摩西的筐篓，可能按当时的习惯用沥青砌缝防水。"

公元5世纪，在中东地区的波斯帝国的首都苏萨（Susa）附近出现了人类手工挖成的石油井。最早把石油用于战争也在中东地区。《石油·金钱·权力》一书记载，荷马的名著《伊利亚特》中有这样的描述："特洛伊人不停地将火投上快船，那船顿时升起难以扑灭的火焰。"当波斯国王塞琉斯准备夺取巴比伦时，有人提醒他巴比伦人有可能进行巷战。塞琉斯说可以用火攻，"我们有许多沥青和碎麻，可以很快把火引向四处，那些在房顶上的人要么迅速离开，要么被火吞噬。"公元7世纪，拜占庭人用原油和石灰混合，点燃后用弓箭远射，或用手投掷，以攻击敌人的船只。阿塞拜疆的巴库地区有丰富的油苗和气苗，这里的居民很早就从油苗处采集原油作为燃料，也用于医治骆驼的皮肤病。

中世纪以来，在欧洲大陆，从德国的巴伐利亚、意大利的西西里岛和波河河谷，到波兰的加利西亚、罗马尼亚，都有关于石油从地面渗出的记载，并且人们把原油当作“万能药”。19世纪四五十年代，利沃夫的一位药剂师在一位铁匠的帮助下做出了煤油灯。1854年，灯用煤油已经成为维也纳市场上的商品。1859年，欧洲开采了36 000桶原油，主要产自加利西亚和罗马尼亚。

中国也是世界上最早发现和利用石油的国家之一。东汉的班固（32~92）所著《汉书》中记载：“高奴县有洧水可燃。”（高奴在陕西延长附近，洧水是延河的支流）北魏郦道元的《水经注》中记载：“高奴县有洧水，肥可燃。水上有肥，可接取用之。”这里的“肥”就是指的石油。西晋张华的《博物志》（成书于267年）也有记载：“甘肃酒泉延寿县南山出泉水，水有肥，如肉汁，取著器中，始黄后黑，如凝膏，燃极明，与膏无异，膏与水碓缸甚佳，彼方人谓之石漆。”公元863年前后，唐朝段成武的《酉阳杂俎》中记载：“高奴县石脂水，水腻，浮上如漆，采以燃灯极明。”

中国宋朝的沈括（1031~1095）（图4–3）在古书中读到过“高奴县有洧水可燃”这句话，觉得很奇怪，“水”怎么可能燃烧呢？他决定进行实地考察。考察中，沈括发现了一种褐色液体，当地人叫它“石漆”“石脂”，并用它烧火做饭、点灯和取暖。沈括弄清楚这种液体的性质和用途，给它取了一个新名字——石油，并动员老百姓推广使用，从而减少砍伐树木。沈括在其著作《梦溪笔谈》中写道：“鄜、延境内有石油……颇似淳漆，燃之如麻，但烟甚浓，所沾幄幕甚黑……此物后必大行于世，自余始为之。盖石油至多，生于地中无穷，不若松木有时而竭。”他试着用原油燃烧生成的煤烟制墨，“黑光如漆，松墨不及也”。沈括预言“此物后必大行于世”，是非常难得的。

图4–3 石油的命名者沈括

到了元朝，《元一统志》（创修于1286年）记述：“延长县南迎河有凿开石油一井，其油可燃，兼治六畜疥癣，岁纳壹佰壹拾斤。又延川县西北八十里永平村有一井，岁纳四百斤，入路之延丰库”（图4-4），“石油，在宜君县西二十里姚曲村石井中，汲水澄而取之，气虽臭而味可疗驼马羊牛疥癣”。这说明约800年前，陕北已经正式手工挖井采油，其用途已扩大到治疗牲畜皮肤病，而且由官方收购入库。

图4-4　中国古代油井

二、近现代石油的开发

1. 石油工业的崛起

从世界范围来说，早期石油的发现和使用只不过是人们一时一地的偶然所得，即使已进行了有组织的开采使用，规模也是很小的，还未形成一种产业。只是到了19世纪中叶后，石油才进入大规模的开发时代。

最早开发石油的国家并不是美国，然而，对石油资源大规模的商业开发，却是从美国开始的。1859年，一位名叫Edwin L.Drake的人在美国宾夕法尼亚州完成了第一次商业性勘探开发。他用一架以蒸汽为动力的绳索钻，在泰特斯维尔地区地下112 m深处，钻出了石油，日产量为1.37～4.79 t。世界公认Drake是第一个利用现代钻井技术打出原油的人，他的成功催生了石油工业。

Drake之后，越来越多的美国人追随他的事业，无论是在宾夕法尼亚州还是在其他地方，很快掀起了开采石油的热潮。到19世纪末，世界原油年产量约为2 000万 t。在经历不长的时间之后，石油迅速建立了其作为工业社会的基本能源和主要原材料的重要地位。内燃机的问世，使石油需求进一步加大，尤其是各工业部门纷纷开始采用以石油产品为燃料的动力装置，石油的需求量大幅度增长，这就使得世界石油工业进入了一个崭新的阶段。

2. 洛克菲勒时代

在19世纪50年代，美国石油大规模开发后，约翰·戴维森·洛克菲勒（John Davidson Rokefeller）与Andrews和Flagler三人合伙成立Rockefeller, Andrews&Flagler炼油公司。但到了19世纪六七十年代，美国石油业进入大萧条时期。为了应付危机，1870年1月10日，洛克菲勒在原公司的基础上，与亨利·佛莱格勒等5人成立了标准石油公司（Standard Oil Company），意在使消费者可以相信该公司的油品是“标准油品”。标准石油公司的建立，开创了石油工业的新时代。此时，标准石油公司控制着美国炼油业的10%。到1879年，它已控制了美国炼油业的90%，并控制了产油区的输油管网、购销系统，支配了石油运输。1882年1月2日，洛克菲勒等人签订了“标准石油托拉斯协议”，组成托拉斯管理理事会来管理标准石油公司，标准石油公司完全控制了14家公司和部分控制了21家公司。到19世纪80年代中期，标准石油公司3个炼油厂生产了超过世界供应总量25%的煤油，并控制了美国国内80%的石油产品市场。

从1885年开始，标准石油公司的战略发生了根本性的转变。在这之前，标准石油公司主要是从事炼油和油品贸易，一直没有涉入石油业的上游即石油的开采活动。1885年，美国利马印第安纳油田投入开发，洛克菲勒抓住这一时机，大量购买石油生产权，到1891年，标准石油公司生产的原油已占美国原油总产量的1/4。与此同时，标准石油公司于1888年在英国成立了自己的第一家国外分公司“英美石油公司”，并不断在欧洲大陆投资。通过国外的分公司，标准石油公司控制了美国90%以上的石油出口，当时石油出口占美国石油产量一半以上，在美国出口制成品中排第一位。这样，洛克菲勒的标准石油公司最终成为一个从原油生产、提炼到销售的一体化的国际大石油公司。

3. 美国石油动荡期

随着油田的大发现和原油产量的不断增加，美国国内的石油价格不断下跌。美国国内平均石油价格只有每桶0.8美元，低于石油生产成本。面对如此严重的石油泛滥，美国各产油州被迫采取行政措施并成立相应机构进行干预。

1931年8月，德克萨斯州州长罗斯·史特林宣布全州进入紧急状态，实施戒严，下令州国民卫队接管各大油田，强行停止了石油生产。1931年11月，史特林赋予德克萨斯铁路委员会处理原油生产“经济性浪费”的特殊权限，并在州议会强行通过了石油生产按市场比例分配的方案。

通过这些措施，美国石油市场出现了暂时稳定，到1932年油价已上升到每桶0.98美元。然而，1933年春天，美国石油市场又出现了混乱，油价跌到每桶0.11美元。在这种情况下，议会通过了赋予总统禁止“热油”进入洲际贸易的权力，并且允许石油署长发布有关石油问题的规定和强制执行规定的权力。为了配合控制石油产量，美国对进口的原油和燃料油每桶征收0.21美元和0.15美元的关税。在美国产油州和联邦政府的联合干预下，美国的石油业恢复了稳定，从1934年到1940年，美国石油价格上升并稳定在每桶1～1.18美元。

4.“两湾”石油大发展

在美国石油动荡期间，中东和东南亚地区（波斯湾）的沙特阿拉伯、科威特、伊朗、伊拉克和印尼，以及拉丁美洲（墨西哥湾）的墨西哥、委内瑞拉、秘鲁、乌拉圭等地区发现了大量石油。大多数产油国政府已向跨国石油公司提供石油勘探开发的特许权，承担石油勘探费用及风险的跨国石油公司被允许在产出石油中享有产权或所有者权益。Exxon、BP、Mobil、Shell、Gulf、Texaco、Chevron、Total等公司在上述地区进行了广泛的石油勘探开发活动。

跨国石油公司在产油国享有石油勘探开发特权的基本格局在1938年被打破。墨西哥宣布对所有外国石油资产国有化，委内瑞拉也以国有化来威胁增加其从石油公司那里获得的收益。这为以后产油国实施石油资源的国有化运动开了先河。

第一次世界大战中，石油就起了决定性的作用。第二次世界大战期间，美国石油在战争中发挥的作用就更大了。在第二次世界大战的1941年12月到1945年期间，盟国共消耗了约70亿桶石油，其中60亿桶来自美国，这一数量是从1859年美国开始生产石油以来到1941年产量的1/4以上，占世界石油总产量的2/3。

第二次世界大战结束后，美国在过去数十年特别是在二次大战中的石油主要供应国的国际地位也随之结束。由于中东地区石油资源的大量发现，波斯湾地区的重要作用日益显示出来。在过去很长时间里，美国石油产量占世界总产量的比重一直超过60%，然而1953年开始下降到50%以下，同时由于煤炭迅速失去了它作为世界主要燃料的地位，在市场经济国家能源需求量中所占比重已迅速下降，石油以其低廉的价格在市场中占有的份额迅速上升。美国国内的石油需求量成倍地增长，从1948年起，美国开始从中东进口原油，美国已由以前的石油出口国变成石油的净进口国，石油的主要出口中心已从墨西哥湾向波斯湾转移。

5. 美英石油争霸

随着世界石油出口中心从墨西哥湾移向波斯湾地区和美国对中东原油的依赖，美国的跨国石油公司在政府的支持和纵容下，迅速取代了英国在中东的石油霸主地位。

美国跨国石油公司在战争结束后不久，即宣布不承认旨在限制美国石油资本在中东扩张的“红线协定”。1946年末，美国的埃克森和莫比尔石油公司撇开了伊拉克石油公司中的其他成员，共同购买了在“红线协定”范围内经营的阿美石油公司40%的股权。美国这两家石油公司的行动，实际上已撕毁了“红线协定”，打破了一二十年来中东地区跨国石油公司瓜分石油资源的基本格局，美国跨国石油公司为其在中东进一步扩张扫清了道路。

在美国政府的压力下，1954年，英伊石油公司（英国石油公司前身）和5家美国石油公司、英荷壳牌以及法国石油公司在伦敦开会，达成了垄断和瓜分伊朗石油资源的协议。协议规定由上述8家石油公司组成国际财团负责开采和销售伊朗石油资源。在这个财团中，美国的5家石油公司占有的股份为40%，英伊石油公司为40%，英荷壳牌为14%，法国石油公司为6%，美国跨国石油公司捞到了最大好处，分得了相当多的原来由英国独占的利益。此外，美国跨国石油公司还在中东其他国家大肆排挤英国势力，到1954年，中东已经没有一个产油国不受美国跨国石油公司的控制。虽然沙特阿拉伯等中东产油国于1962年成立了石油输出国组织，即OPEC，旨在协调和统一成员国的石油政策，维护各石油输出国共同的利益，但是国际石油市场仍受到美国等发达国家的重大影响。

——地学知识窗——

石油输出国组织

Organization of Petroleum Exporting Countries 又称欧佩克（OPEC）。欧佩克于1960年9月在巴格达成立，当时有沙特阿拉伯、伊拉克、伊朗、科威特和委内瑞拉5个成员国。后有阿尔及利亚、阿拉伯联合酋长国、卡塔尔、利比亚、尼日利亚、印度尼西亚、厄瓜多尔、加蓬8国加入。该组织的宗旨是“协调统一各成员国的石油政策和确定最有效的手段，单独地集体地维护成员国的利益”。作为世界主要石油输出国的组织，在20世纪的两次石油危机中起了巨大作用，不仅大大促成了成员国的经济发展，也为发展中国家做出了贡献。欧佩克总部设在维也纳，设有大会、理事会、秘书处和若干附属机构。据美国《石油杂志》2002年年底统计，欧佩克的石油和天然气剩余可采储量分别为1 122亿 t和70.5万亿m^3，占世界总量的67.5%和45.3%，石油产量为12.6亿 t，占世界的38.2%。

Part 5 千锤百炼制油品

石油产品又称油品，主要包括各种燃料油（汽油、煤油、柴油等）和润滑油以及液化石油气、石油焦炭、石蜡、沥青等。生产这些产品的加工过程称为石油炼制（简称炼油），是石油工业的一部分。石油炼制工业工艺复杂，主要包含脱盐脱水、蒸馏、催化裂化、加氢裂化和石油精制等主要工艺过程。

石油工业

石油工业是指以石油和天然气为原料，生产石油产品和石油化工产品的加工工业。

石油产品又称油品，主要包括各种燃料油（汽油、煤油、柴油等）和润滑油以及液化石油气、石油焦炭、石蜡、沥青等。生产这些产品的加工过程称为石油炼制，简称炼油。

石油化工产品由炼油过程提供的原料油进一步化学加工获得。生产石油化工产品的第一步是对原料油和气（如丙烷、汽油、柴油等）进行裂解，生成以乙烯、丙烯、丁二烯、苯、甲苯、二甲苯为代表的基本化工原料；第二步是以基本化工原料生产多种有机化工原料（约200种）及合成材料（塑料、合成纤维、合成橡胶）。这两步产品的生产属于石油化工的范围。

石油工业的建设和发展离不开各行各业的支持。国内外的石化企业都是集中建设一批生产装置，形成大型石化工业区。在区内，炼油装置为“龙头”，为石油化工装置提供裂解原料，如轻油、柴油，并生产石油化工产品；裂解装置生产乙烯、丙烯、苯、二甲苯等石油化工基本原料；根据需求，建设以上述原料为主生产合成材料和有机原料的系列生产装置，其产品、原料有一定比例关系。建设石化工业区要投入大量资金，厂区选址要适当，不但要保证原料和产品的运输，而且要有充分的电力、水供应及其他配套的基础工程设施。各生产装置需要大量标准、定型的机械、设备、仪表、管道和非定型专用设备。制造机械设备涉及材料品种多，要求各异，有些重点设备高度超过50 m，单件重几百吨，有的要求耐热1 000℃，有的要求耐冷-150℃；有些关键设备需在国际市场采购。所有这些都需要冶金、电力、机械、仪表、建筑、环保各行业支持。石化行业是个技术密集型产业，生产方法和生产工艺的确定，关键设备的选型、选用、制造等一系列技术，都要求由专有或独特的技术标准所规定，如从国外引进，要支付专利或技术诀窍使用费。因此，只有加强基础学科，尤其是有机化学、高分子化学、催化、化学工程、电子计算机、自动化等方面的研究工作，加强相关专业技术人员的培养，使之掌握和采用先进科研成果，再配合相关的工程技术，石化工业才有可能不断发展，登上新台阶。

石油炼制工业

一、石油炼制工业的发展

石油的发现、开采和直接利用由来已久，加工利用并逐渐形成石油炼制（简称炼制）工业始于19世纪30年代，到20世纪四五十年代形成现代炼油工业。19世纪30年代起，陆续建立了石油蒸馏工厂，产品主要是灯用煤油，汽油没有用途当废料抛弃。19世纪70年代建造了润滑油厂，并开始把蒸馏得到的高沸点油做锅炉燃料。19世纪末，内燃机的问世使汽油和柴油的需求猛增，仅靠原油的蒸馏（即原油的一次加工）不能满足需求，于是诞生了以增产汽油、柴油为目的，综合利用原油各种成分的原油二次加工工艺。如1913年实现了热裂化，1930年实现了焦化和催化裂化，1940年实现了催化重整，此后加氢技术也迅速发展，这就形成了现代的石油炼制工业。20世纪50年代以后，石油炼制为化工产品的发展提供了大量原料，形成了现代的石油化学工业，如图5-1所示。

二、石油炼制工业的工艺技术

1. 主要炼制工艺（图5-2）

（1）原油的脱盐脱水：原油的脱盐脱水工艺又称预处理。从油田送往炼油厂的原油往往含盐（主要是氯化物）、带水（溶于油或呈乳化状态），可导致设备的腐蚀，在设备内壁结垢和影响成品油的组成，需在加工前脱除。常用的办法是加破乳剂和水，使油中的水集聚，并从油中分出，而盐分溶于水中，再加以高压电场配合，使形成的较大水滴顺利除去。

（2）常压蒸馏和减压蒸馏：常压蒸馏和减压蒸馏习惯上合称常减压蒸馏，常减压蒸馏基本上属于物理过程。原料油在蒸馏塔里按蒸发能力分成沸点范围不同的油品（称为馏分），这些油有的经调和、

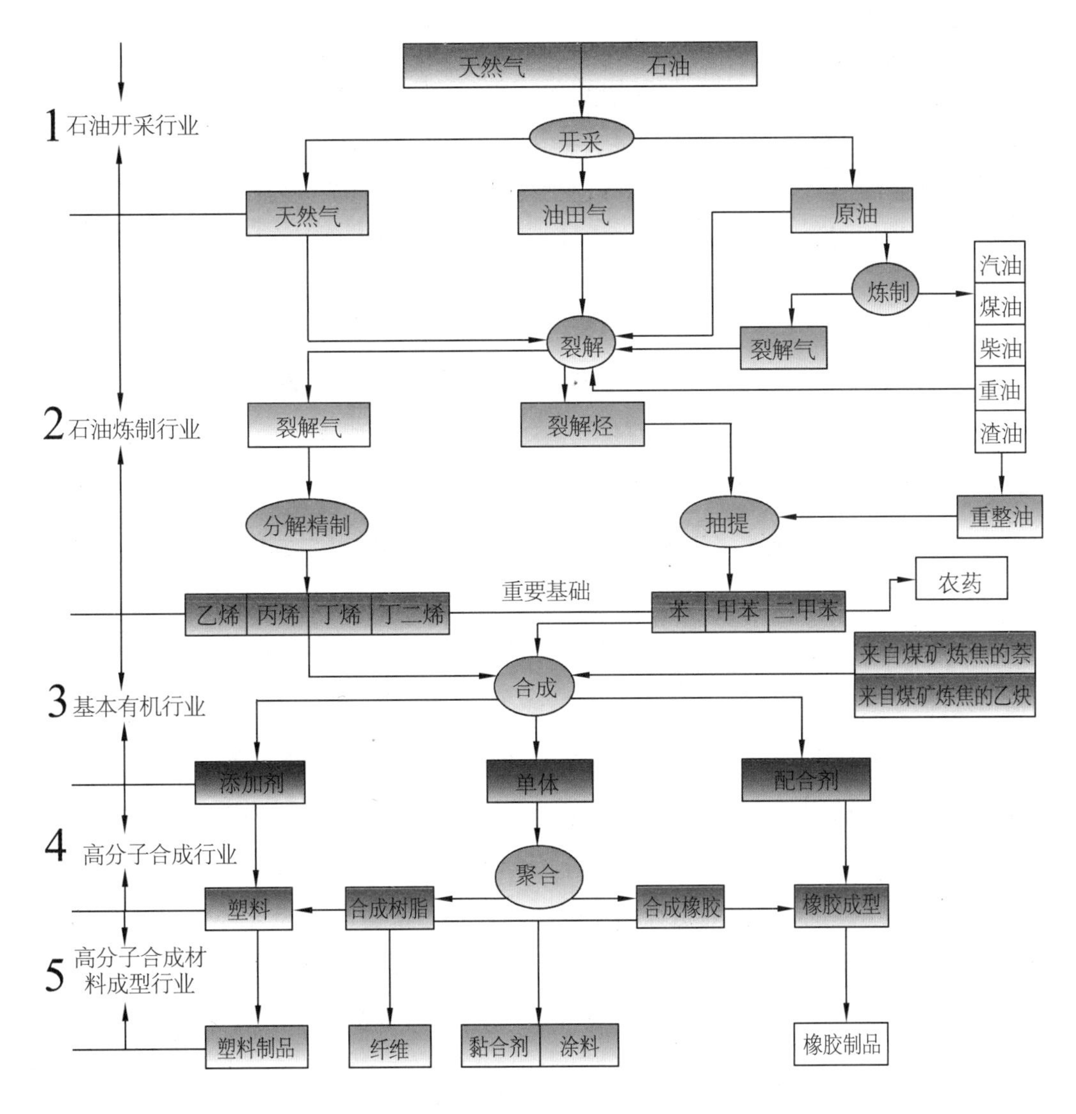
天然气
石油
1 石油开采行业
开采
天然气
油田气
原油
炼制
汽油
煤油
柴油
重油
渣油
裂解
裂解气
2 石油炼制行业
裂解气
裂解烃
分解精制
抽提
重整油
重要基础
农药
乙烯
丙烯
丁烯
丁二烯
苯
甲苯
二甲苯
来自煤矿炼焦的萘
来自煤矿炼焦的乙炔
合成
3 基本有机行业
添加剂
单体
配合剂
4 高分子合成行业
聚合
塑料
合成树脂
合成橡胶
橡胶成型
5 高分子合成材料成型行业
塑料制品
纤维
黏合剂
涂料
橡胶制品

图5-1 石油炼制工业

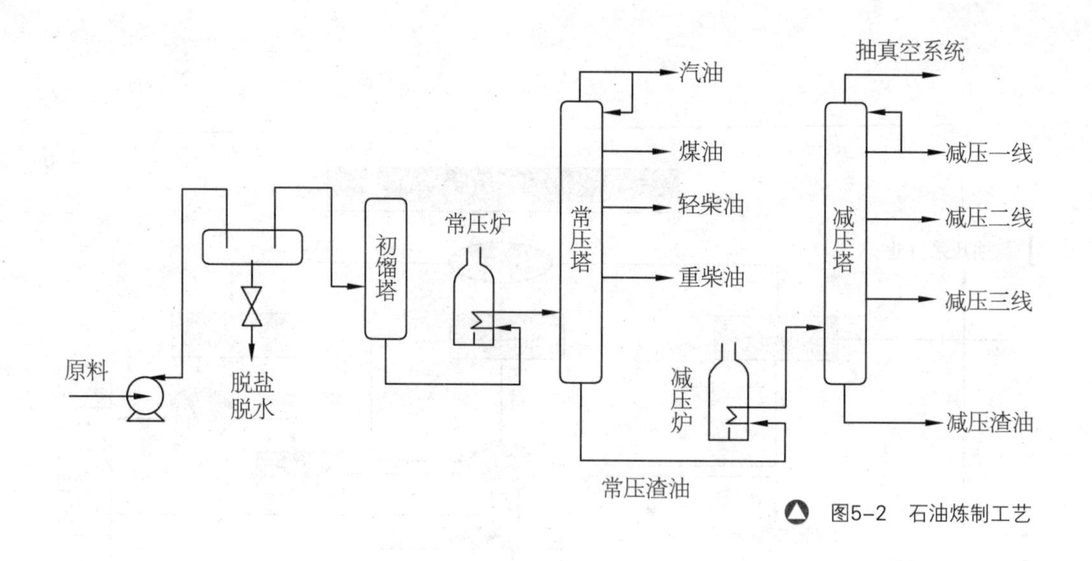

图5-2　石油炼制工艺

加添加剂后以产品形式出厂，相当大的部分是后续加工装置的原料，因此常减压蒸馏又称为原油的一次加工。一次加工包括三个工序：原油的脱盐脱水，常压蒸馏，减压蒸馏。

（3）催化裂化：催化裂化是在热裂化工艺上发展起来的，是提高原油加工深度，生产优质汽油、柴油最重要的工艺操作。原料油主要是原油蒸馏或其他炼油装置的350℃~540℃馏分的重质油。催化裂化工艺由三部分组成：原料油催化裂化、催化剂再生、产物分离。催化裂化所得的产物经分馏后可得到气体、汽油、柴油和重质馏分油。 有部分油返回反应器继续加工，称为回炼油。催化裂化操作条件的改变或原料波动，可使产品组成波动。

（4）催化重整：催化重整（简称重整）是在催化剂和氢气存在下，将常压蒸馏所得的轻汽油转化成含芳烃较高的重整汽油的过程。如果以80℃~180℃馏分为原料，产品为高辛烷值汽油；如果以60℃~165℃馏分为原料，产品主要是苯、甲苯、二甲苯等芳烃。重整过程副产氢气，可作为炼油厂加氢操作的氢源。重整的反应条件：反应温度为490℃~525℃，反应压力为1~2 MPa。重整的工艺过程可分为原料预处理和重整两部分。

（5）加氢裂化：加氢裂化是在高压、氢气存在下进行，需要催化剂，把重质原料转化成汽油、煤油、柴油和润滑油。加氢裂化由于有氢存在，原料转化的焦炭少，可除去有害的含硫、氮、氧的化合物，操作灵活，可按产品需求调整。产品收率较高，而且质量好。

（6）延迟焦化：延迟焦化是经较长反应时间，使原料深度裂化，以生产固体石油焦炭为主要目的，同时获得气体和液体产物。延迟焦化用的原料主要是高沸点的渣油。延迟焦化的主要操作条件：原料加热后温度约500℃，焦炭塔在稍许正压下操作。改变原料和操作条件可以调整汽油、柴油、裂化原料油、焦炭的比例。

（7）炼厂气加工：原油一次加工和二次加工的各生产装置都有气体产出，总称为炼厂气。就组成而言，主要有氢、甲烷、由2个碳原子组成的乙烷和乙烯、由3个碳原子组成的丙烷和丙烯、由4个碳原子组成的丁烷和丁烯等。它们的主要用途是作为生产汽油的原料和石油化工原料，以及生产氢气和氨。发展炼厂气加工的前提是要对炼厂气先分离、后利用。炼厂气经分离做化工原料的比重增加，如分出较纯的乙烯可做乙苯，分出较纯的丙烯可做聚丙烯等。

2. 石油产品精制

上述工艺过程生产的油品一般还不能直接作为商品，除需进行调和、添加添加剂外，往往还需要进一步精制，除去杂质，改善性能，以满足实际要求。

常见的杂质有含硫、氮、氧的化合物，以及混在油中的蜡和胶质等不理想成分，它们可使油品有臭味，色泽深，腐蚀机械设备，不易保存。除去杂质常用的方法有酸碱精制、脱臭、加氢、溶剂精制、白土精制、脱蜡等。

（1）酸精制：用硫酸处理油品，可除去某些含硫化合物、含氮化合物和胶质。

（2）碱精制：用烧碱水溶液处理油品，如汽油、柴油、润滑油，可除去含氧化合物和硫化物，并可除去酸精制时残留的硫酸。酸精制与碱精制常联合应用，故称酸碱精制。

（3）脱臭：含硫高的原油制成的汽油、煤油、柴油，因含硫醇而产生恶臭，硫醇含量高时会引起油品生胶质，不易保存。对此，可采用催化剂存在下，先用碱液处理，再用空气氧化。

（4）加氢：在催化剂存在下，于300℃~425℃、1.5 MPa压力下加氢，可除去含硫、氮、氧的化合物和金属杂质，改进油品的储存性能和腐蚀性、燃烧性，可用于各种油品。

（5）脱蜡：脱蜡主要用于精制航空煤油、柴油等。油中含蜡，在低温下形成蜡的结晶，影响流动性能，并易于堵塞管道。脱蜡对航空用油十分重要。脱蜡可用分子筛吸附。润滑油的精制常采用溶剂精制脱除不理想成分，以改善组成和颜色，有时也需要脱蜡。

（6）白土精制：一般放在精制工序的最后，用白土（主要由二氧化硅和三氧化二铝组成）吸附有害的物质。

（7）润滑油：原料主要来自原油的蒸馏，润滑油最主要的性能是黏度、安定性和润滑性。生产润滑油的基本过程实质上是除去原料油中的不理想组分，主要是胶质、沥青质，含硫、氮、氧的化合物，以及蜡、多环芳香烃等，这些组分主要影响黏度、安定性、色泽。方法有溶剂精制、脱蜡和脱沥青、加氢和白土精制。

（8）溶剂精制：利用溶剂对不同组分的溶解度不同达到精制的目的，为绝大多数的润滑油生产过程所采用。常用溶剂有糠醛和苯酚。生产过程与重整装置的芳香烃抽提相似。

（9）溶剂脱蜡：除去润滑油原料中易在低温下产生结晶的组分，主要指石蜡。脱蜡采用冷结晶法，为避免低温下黏度过大，石蜡结晶太小不便过滤，常加入对蜡无溶解作用的混合溶剂，如甲苯－甲基乙基酮，故脱蜡常称为酮苯脱蜡。

Part 6 “万油之母”数石油

通过对石油的炼制可得到汽油、煤油、柴油等燃料以及各种机器的润滑剂、气态烃，通过石油化工过程可制得合成纤维、合成橡胶、塑料、农药、化肥、医药、油漆、合成洗涤剂等，这些石油产品和石油化工产品被广泛运用于交通运输、石化等各行各业，更被应用于军事国防领域，因此石油被称为经济乃至整个社会的“黑色黄金”“经济血液”。

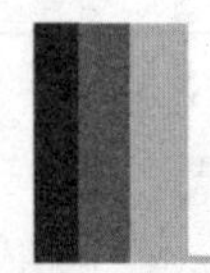

万油之母

石油是万油之母。目前我们最常用的汽油、柴油都是从石油中提炼出来的。公路上奔驰的汽车，天上飞的飞机，江河湖海中的轮船、汽艇，活跃在田野里的联合收割机，都是靠石油产品提供动力的。石油产品已影响到人类生活的各个方面，现代人类社会离开石油将无法运转。

石油产品可分为石油燃料、石油溶剂与化工原料、 润滑剂、石蜡、石油沥青、石油焦等6类，见表6-1。其中，燃料产量最大，润滑剂品种最多。

表6-1 石油产品分类

石油燃料			
无铅汽油	重柴油	喷气燃料	标准轻柴油
重油（渣油、燃料油）	车用汽油	航空汽油	军用柴油
A重油	船用燃料油	航空洗涤汽油	液化石油气
煤油	石油干气	汽油	无铅汽油
船用（内燃机）燃料油			
石油溶剂与化工原料			
破乳剂	甲基叔丁基醚	T203抗氧抗腐剂	T561金属减活剂
T1301防冰剂	二壬基萘磺酸锌	T705防锈添加剂	T1501A抗静电剂
T705A 防锈添加剂	T551金属减活剂	T701防锈添加剂	T621黏度指数改进剂
T202抗氧抗腐剂	聚α-烯烃合成油	T803降凝剂	硫化烷基酚钙
LAN3211复合剂	LAN3143复合剂	T746防锈剂	T801降凝剂
LAN3012复合剂	中碱值烷基水杨酸钙	LAN 746B 防锈剂	T703防锈剂
T803A 降凝剂			
沥　青			
光学沥青	专用石油沥青	阳离子乳化沥青	硬质沥青
道路沥青	绝缘沥青	普通石油沥青	油毡沥青

（续表）

建筑石油沥青	氧化沥青料	弹体内膛涂料沥青	防腐沥青
电缆沥青	蓄电池沥青	光缆沥青	橡胶沥青
特种石油沥青	碱性石油沥青	油漆石油沥青	电池封口剂
润滑油、脂			
真空（润滑）油	石油芳烃软化剂	内燃柴油机油	普通工业闭式齿轮油（L-CKB）
2号专用工艺油	二冲程汽油机油	中负荷工业闭式齿轮油（L-CKC）	重负荷车辆齿轮油
仪表油	白油	低噪音轴承润滑脂	100号织布机油
黏度标准油	润滑脂（极压锂基润滑脂）	船用柴油机油	重负荷工业闭式齿轮油（L-CKD）
内燃汽油机油	铁路内燃机车油	润滑油专用基础油	复合型蜗轮蜗杆油（L-CKE）
橡胶试验用标准油	润滑脂（汽车通用锂基润滑脂）	L-AN全损耗系统用油	极压型蜗轮蜗杆油（L-CKE/P）
橡胶填充油	黄矿物油	L-AY车轴油	压缩机油
通用内燃机油	中负荷车辆齿轮油（GL-4）	导轨油	冷冻机油
软麻油	24号薄层防锈油	轴承油（主轴油）	轧辊轴承润滑脂
助剂油料	热处理油	多用途低温润滑脂	气缸油
普通车辆齿轮油（BL-3）	减速机润滑脂	汽轮机油	8号航空防锈润滑油
复合锂基润滑脂	16号防锈坦克润滑油	润滑油通用基础油	中小型电机轴承润滑脂
抽油机油	无黏结预应力筋专用防腐润滑脂	9301 EP锂基润滑脂	聚脲基润滑脂
3号耐醇密封润滑脂	液压油	电容器油	复合铝基润滑脂
白色特种润滑脂	金属加工油	变压器油	断路器油（油开关油）
二硫化钼锂基润滑脂	绝缘油	绝缘胶	干式气柜密封油
钙基润滑脂	导热油	防锈枪油	复合钙基润滑脂
石　蜡			
精石蜡	专用蜡	黄　蜡	凡士林
橡胶防护蜡	液状石蜡	皂用蜡	食品用石蜡
半精炼石蜡	全精炼石蜡	微晶蜡	
石油焦			
针焦	延迟石油焦		

（续表）

其他石油产品			
碳四馏分	RFQ-1型燃气涡轮发动机清洗剂	无苯稀释剂	油漆工业用溶剂油
橡胶工业用溶剂油	碳五馏分	溶剂油	化工轻油（石脑油）
碳十馏分	6号抽提溶剂油	烷基苯料	

一、汽油

汽油是消耗量最大的品种。汽油的沸点范围（又称馏程）为30℃~205℃，密度为0.70 g/cm³~0.78 g/cm³。商品汽油按该油在气缸中燃烧时抗爆震燃烧性能的优劣区分，标记为辛烷值70、80、90或更高，号越大则性能越好。汽油主要用作汽车、摩托车、快艇、直升机、农林用飞机的燃料。商品汽油加添加剂（如抗爆剂四乙基铅）可改善使用和储存性能。根据环保要求，今后将限制芳烃和铅的含量。

二、喷气燃料

喷气燃料主要供喷气式飞机使用，沸点范围为60℃~280℃或150℃~315℃（俗称航空汽油）。为适应高空低温高速飞行需要，这类油要求发热量大，在-50℃不出现固体结晶。

三、煤油

煤油沸点范围为180℃~310℃，主要供照明、生活炊事用。要求火焰平稳、光亮而不冒黑烟。目前产量不大。

四、柴油

柴油沸点范围有180℃~370℃和350℃~410℃两类。对石油及其加工产品，习惯上对沸点或沸点范围低的称为轻，相反称为重。故沸点为180℃~370℃的柴油称为轻柴油，沸点为350℃~410℃的称为重柴油。商品柴油按凝固点分级，如10、-20等，表示最低使用温度。柴油广泛用于大型车辆、船舰。由于高速柴油机（汽车用）比汽油机省油，故柴油需求量增长速度大于汽油，一些小型汽车也改用柴油。对柴油质量要求是燃烧性能和流动性好。燃烧性能用十六烷值表示，值越高越好，大庆原油制成的柴油十六烷值可达68。高速柴油机用的轻柴油十六烷值为42~55，低速的在35以下。

五、燃料油

燃料油用作锅炉、轮船及工业炉的燃料。商品燃料油用黏度大小区分不同牌号。

六、石油溶剂

石油溶剂用于香精、油脂、试剂、橡

胶加工、涂料工业做溶剂，或清洗仪器、仪表、机械零件。

七、润滑油

由石油制得的润滑油约占总润滑剂产量的95%以上。润滑油除润滑性能外，还具有冷却、密封、防腐、绝缘、清洗、传递能量的作用。用量最大的是内燃机油，其余为齿轮油、液压油、汽轮机油、电器绝缘油、压缩机油。商品润滑油按黏度分级，负荷大、速度低的机械用高黏度油，否则用低黏度油。炼油装置生产的是采取各种精制工艺制成的基础油，再加多种添加剂，因此具有专用功能，附加产值高。

八、润滑脂

润滑脂俗称黄油，是润滑剂加稠化剂制成的固体或半流体产品，用于不宜使用润滑油的轴承、齿轮部位。

九、液状石蜡

液状石蜡包括石蜡（占总消耗量的10%）、地蜡、石油脂等。石蜡主要做包装材料、化妆品原料及蜡制品，也可作为化工原料生产脂肪酸（肥皂原料）。

另外，石油沥青主要供道路、建筑用。石油焦用于冶金（钢、铝）、化工（电石）行业做电极。除上述石油商品外，各个炼油装置还得到一些在常温下是气体的产物，总称炼厂气，可直接做燃料或加压液化成液化石油气，可做原料或化工原料。

化工原料之源

基本有机原料（化工原料，如乙烯、芳烃、乙苯、丙烯腈等）由石油产品炼制而成，可见石油是化工原料之源。这些基本化工原料可制成合成纤维、合成橡胶、合成树脂和塑料、合成氨和尿素等多种产品，广泛应用于各行各业中。

一、乙烯

乙烯在常温下为无色、易燃烧、易爆炸的气体，以它的生产为核心带动了基本有机化工原料的生产，是用途最广泛的基本有机原料，可用于生产塑料、合成橡胶，也是乙烯多种衍生物的起始原料。其中，生产聚乙烯、环氧乙烷、氯乙烯、苯乙烯是最主要的消费，约占总产量的85%。裂解的原料烃有气态和液态之分，气态的有炼厂气、天然气的凝析液，液态的有汽油、煤油、柴油。

二、芳烃

芳烃指结构上含有苯环的烃。作为基本有机原料，应用最多的是苯、乙苯、对二甲苯，还有甲苯和邻二甲苯。芳烃的来源：炼油厂重整装置，乙烯生产厂的裂解汽油，煤炼焦时的副产品。乙苯是制苯乙烯的原料，苯乙烯是聚苯乙烯、丁苯橡胶（在合成橡胶中产量最大）的原料，乙苯通常采用合成法，即由乙烯和苯制成乙苯，再由乙苯制成苯乙烯。

三、丙烯腈

丙烯腈是无色有毒液体，沸点为77.3℃。丙烯腈是合成纤维（腈纶）、合成橡胶（丁腈橡胶）、合成塑料（ABS）的主要单体，地位十分重要，还是生产多种有机化工原料的原料。由丙烯腈生产的丁腈橡胶可耐冷油和一些有机溶剂的浸泡。丙烯腈采用丙烯、氨、空气一步合成，被认为是基本有机原料合成方法的重大变革之一。生产丙烯腈时使用的催化剂由含磷、钼、铋、铁的氧化物组成，反应温度约为450℃。

四、环氧乙烷和乙二醇

环氧乙烷是以乙烯为原料生产的产品，产量仅次于聚乙烯塑料，居第二位。它是低沸点（10.4℃）的易燃易爆气体（在空气中含3%~100%均可爆炸）。

乙二醇是环氧乙烷与水的反应物，是最重的环氧乙烷衍生物。它是黏稠液体，沸点为197.6℃，有毒。

除乙二醇外，环氧乙烷产量的10%～20%用于生产表面活性剂及其他多种化工原料。乙二醇的主要应用是制取涤纶纤维和聚酯树脂，其次是用于汽车冷却系统的抗冻剂（与水混合后，结冰温度可以降至-70℃），以及溶剂、润滑剂、增湿剂、炸药等。环氧乙烷与乙二醇通常安排在一个装置内生产。环氧乙烷的生产目前广泛采用的是在银催化剂存在下，用氧气直接氧化，反应温度为250℃～290℃，反应压力为2 MPa。乙二醇的生产方法是采用环氧乙烷与大量水在150℃～200℃、2～2.5 MPa的条件下直接水合。

五、乙苯、苯乙烯

乙苯是具有芳香味的可燃液体，沸点为136.2℃。炼油厂的重整装置和烃类裂解制乙烯都有乙苯生成，但产量低，分离提纯困难。通常采用乙烯与苯反应合成乙苯，乙苯绝大部分用于制苯乙烯。

苯乙烯也是有芳香味的可燃液体，沸点为145.2℃。苯乙烯极易聚合，除非立刻使用，否则需加入阻聚剂（如对苯二酚）。

苯乙烯是重要的聚合物单体，主要用于生产聚苯乙烯塑料、丁苯橡胶，还可制造泡沫塑料，可与多种单体共同聚合，生产多种工程塑料及热塑性弹性体，产品用途极为广泛。乙苯脱氢制苯乙烯是当前的主要生产方法（产量占90%），在催化剂（主要是铁的氧化物）存在下，反应温度为610℃～660℃。

重要的战略物资

石油作为工业的"血液"，不仅是一种不可再生的商品，更是国家生存和发展不可或缺的战略资源，对保障国家经济和社会发展以及国防安全有着不可估量的作用。

有人说："石油多的地方，战争就会多。"石油作为重要的战略物资，是与国家的繁荣和安全紧密联系在一起的。由于世界石油资源的分布、供应和消费存在着严重的不均衡，而且石油是不可再生资源，数量有限，因此获得和控制足够的石油资源成为世界各个国家安全战略的重要目标之一。

20世纪以来的经验表明，石油与军事活动有着密切的关系，二战后的多次局部战争多有浓重的石油背景。因此，在分析石油与军事活动关系方面，学术界涌现了大量研究成果，主要体现在以下几方面：

一、石油与军事

石油是战争机器运转的重要动力。有了石油，才使飞机实现全球机动，使战场空间从陆地延伸到海上、空中甚至外太空。有了石油，才能使远洋舰只保持充足的动力，能够在远离基地的战场作战。有了石油提炼的燃料，才能将航天器送上太空，使在外层空间作战成为可能。石油使战争由陆地或海上的平面战争，发展成陆、海、空和外层空间同时进行的立体战争。比较而言，电力、煤炭都不可能做到这一点。电力必须依赖线缆才能实现传输，依照目前的技术水平，仅仅依靠蓄电池很难建立长程高效的动力系统。煤炭燃烧缓慢，而且需要大规模的燃烧空间，更是难以适应战争的灵活性、机动性。近年来，随着科学技术的突飞猛进，石油的使用大大拓展了战场的攻击和防御纵深。地球上的各个角落都有可能遭到战略袭击，战略防御也将发展成为各国乃至全球防御。

二、石油与政治

第二次世界大战之后所发生的大大小小的地区冲突中，很多都与石油有关，如第四次中东战争、两伊战争、海湾战争、伊拉克战争等。而战争的结果又反过来影响世界石油政治格局和石油价格，从而对世界政治和经济诸多领域产生深刻的影响。

学术界普遍认为，二战结束以后，由于战争和动乱引发的石油危机，已经有三次：

由于以色列的侵略行为而爆发的1973年的中东战争，引发了第一次世界性的石油危机。1973年10月21日，石油输出国组织为了打破外国石油公司对原油价格的垄断，采取了限产、禁运、提价等措施，使原油价格上涨3倍，使成员国的石油收入大幅度增加（1974年总收入为1 100多亿美元），石油输出国所采取的联合行动，在维护自身的民族权利方面取得了重大胜利。

1978年年底，世界第二大石油出口国伊朗爆发了伊斯兰革命。由于美国大力支持和维护巴列维国王的统治，进而形成了伊朗伊斯兰革命和美国的直接矛盾。伊朗停止了对美国等西方国家的石油出口，扣除通货膨胀因素，使每桶油价上涨到80美元，引发了第二次石油危机，使西方各主要大国的经济陷入全面衰退的困境。面对这场特殊的“石油大战”，美国等西方国家方寸大乱，束手无策，受到了几乎毁灭性的打击。

这两次石油危机，令西方大国至今仍然感到心惊肉跳。为了防止这种情况的发生，除了采取节约能源、增加石油储备等措施外，争夺与控制石油资源便成为世界经济大国一项长期的战略任务。

20世纪90年代，萨达姆借口科威特的领土归属问题，突然侵占了科威特，其目的也是想扩大和掌握中东更多的石油资源，以便达到其称雄中东的目的。由于萨达姆拒绝联合国撤军的要求，以美国为首的西方国家发动了对伊战争，即第一次“海湾战争”。

为了对付以美国为首的联军，伊拉克在科威特乃至本国境内点燃了大量油井，对石油资源造成了极为严重的破坏，也使世界石油市场出现了供不应求的局面，油价暴涨，导致了第三次石油危机。这次危机，使西方经济大国，特别是美国，再次陷入了经济衰退，人民生活水平明显下降，进而影响到美国政治。在1992年大选中，老布什败给民主党的克林顿，其主要原因是石油危机、经济衰退、人民生活水平下降所致。

油田之最看全球

石油是“工业的血液”，是国家生存和发展不可或缺的战略资源，对国防安全有着不可估量的作用。从全世界范围来看，石油资源分布极不均衡，也由此产生了一大批因石油而闻名的地方。

全球石油资源

石油如此稀缺与重要，那世界石油资源是如何分布的呢？

一、世界石油资源的分布特点

1. 石油在空间的分布特点

世界上石油的分布很不均匀，在空间位置上有以下特点：

（1）从产出的空间地理位置看，全世界石油产区的储量分布，东半球占74%，西半球（北美洲和南美洲）占25.9%；北美洲石油储量占世界的17.8%，南美洲占8%；中东地区石油分布集中，储量最为丰富，占全球的一半以上，达56.5%；欧洲及欧亚大陆占8%；亚太地区为3.2%；非洲地区占6.4%；整个北半球的产油区储量占全世界的97%，南半球的石油储量仅为3%。

油气田最集中分布的是波斯湾地区，该地区已发现的油气田约180个，其中大型油气田68个，占世界石油总储量的1/2、总产量的1/3。

（2）从油气田在区域构造上的分布看，石油分布主要与那些长期稳定下沉的盆地有关。不同类型的盆地，石油分布有所差异：地台型盆地占石油探明储量的68%，山前坳陷盆地占石油探明储量的18.5%，山间坳陷盆地占石油探明储量的1.5%。

油气在盆地内不同部位的分布也是不均匀的。据统计，盆地内油气储量分布集中于枢纽带和陆棚区，在活动边缘带和深坳区分布较少。

（3）从油气田在局部构造上的分布看，在各类聚油构造中以背斜最重要，属于与背斜有关的油气田占世界油气田总数的61%，可采储量的73.9%。

2. 油气在时间上的分布特点

产油层的地质时代各地不同，下自前寒武纪，上至更新世都有分布，但各时代油气藏出现的规模和频率却变化甚大，分布很不均匀。美国各地质时代的地层中均有产油；加拿大的主要产油层为古生代石炭系石灰岩；墨西哥为中生代白垩纪石灰岩；南美洲北部油田以古新近纪地层为主；欧洲的主要油田皆产于古新近纪地层，少数产于中生代和古生代地层；亚洲也以古新近纪地层为主。

3. 世界含油气盆地的分布

根据槽台学说的地壳结构，可将有关含油气盆地分为以下八个带：

（1）北地台带含油气盆地：由北美地台、俄罗斯地台和西伯利亚地台组成。分布在该地台带的重要含油气盆地有：加拿大的阿尔伯达盆地，美国的东内盆地、西内盆地、丹佛盆地和阿拉巴契亚盆地，俄罗斯的伏尔加-乌拉尔盆地和蒂曼-伯朝拉盆地。

（2）古生代地槽褶皱带含油气盆地：包括介于北地台带各地台之间、介于西伯利亚地台和中国地台之间的一切古生代褶皱带。可分为两大类：一类是以海西褶皱为基底的年轻地台盆地，有墨西哥湾盆地、西西伯利亚盆地、西欧海西地台和土兰海西地台上的一些盆地；另一类为与地槽褶皱带有关的山间和山前盆地，主要分布在西伯利亚地台与中国地台之间的中亚蒙古地槽褶皱带中。著名的盆地有位于乌兹别克斯坦、塔吉克斯坦和吉尔吉斯斯坦三国交界地区的费尔干纳盆地，中国的准噶尔盆地、吐鲁番盆地和松辽盆地。

（3）中地台带含油盆地：分布在中国的地台，包括塔里木、华北和扬子三部分。有陕甘宁盆地、四川盆地和华北盆地等。

（4）特提斯地槽褶皱带含油盆地：分布于褶皱带两侧的山前盆地或复合型盆地，分布于褶皱带内部的山间盆地。北侧的重要盆地有：比利牛斯山前的阿奎坦盆地，阿尔卑斯山前的莫拉石盆地，喀尔巴阡山前的喀巴阡盆地等。南侧的重要盆地有：扎格鲁斯山前的波斯湾盆地，喜马拉雅山前的印度河盆地和孟加拉盆地等。

（5）南地台带含油盆地：由巴西地台、非洲-阿拉伯地台、印度地台和澳大利亚地台组成。南地台带因古生代沉积缺乏，所以含油盆地不发育。其中，北非-阿拉伯地台的三叠盆地、波利尼亚克盆地、阿赫内特盆地和锡尔特盆地是几个重要的含油盆地。

（6）环太平洋带含油盆地：可分为东、西两带。

东带包括北美的科特迪勒拉中生代褶皱带和南美的安第斯古-新近纪褶皱带。东带北美部分重要的含油气盆地有阿尔伯达盆地、丹佛盆地、阿拉加斯盆地和维利斯顿盆地等复合型盆地；分布于太平洋沿岸的山间盆地，包括库克湾盆地、圣朝昆盆地和洛杉矶盆地等。东带南美部分重要的含油气盆地有：奥利诺科盆地、亚马孙河上游盆地等复合型盆地，安第斯褶皱带内的马拉开波盆地、马格达雷纳盆地等山间盆地。

西带包括亚洲东北维尔霍扬中生代褶皱带，中国东北的燕山褶皱带和东南、华南的加里东、海西褶皱带，及上述褶皱带以东的边缘海，以中小型山间盆地为主。较重要的含油气盆地有萨哈林盆地、鄂霍次克海盆地、日本列岛上的盆地、我国台湾西部盆地、菲律宾盆地、印尼的浮格科普盆地、澳大利亚的阿拉弗拉海盆地等。

（7）环大西洋带含油气盆地：含油气盆地大多为现代边缘地槽。现已探明的含油气盆地有非洲西岸的几内亚湾盆地、北大西洋东岸的北海盆地、南美洲东岸的巴西海岸盆地、墨西哥湾盆地等。

（8）环印度洋带含油气盆地：发现含油气盆地较少，仅有澳大利亚的卡纳尔文盆地和佩思盆地、印度西岸的坎贝盆地等。

二、世界石油资源储量分布

据《世界矿产资源年评（2011~2012）》，2011年世界石油剩余探明储量2 086.82亿吨（表7-1），世界石油储量地区分布如图7-1所示。

——地学知识窗——

探明储量

在中国通常是指经过一定的地质勘探工作而了解、掌握的矿产储量，以区别于未经任何调查或仅依据一般地质条件预测的，其质和量、赋存状态及开采利用条件均不明的矿产资源。

在欧美各国，探明储量是对测定储量及推定储量的合称，即二者之和为探明储量。这部分矿产的位置、质量、数量及其地质依据是经实际观测确定的。

表7–1　　世界石油剩余探明储量　　单位：万t

国家或地区	2011年	国家或地区	2011年	国家或地区	2011年	国家或地区	2011年
世界总计	20868187.77	英国	38735.93	科威特	1390550.00	赤道几内亚	15070.00
亚太	621428.47	其他	2192.00	中立区	68500.00	毛里塔尼亚	274.00
澳大利亚	19531.54	**东欧和苏联**	1370813.26	阿曼	75350.00	乌干达	13700.00
文莱	15070.00	阿尔巴尼亚	2728.22	卡塔尔	347706.00	其他	124.83
中国	278795.00	克罗地亚	972.70	沙特阿拉伯	3623924.00	**西半球**	6073009.62
印度	122409.50	匈牙利	434.59	叙利亚	34250.00	阿根廷	34314.12
印度尼西亚	53229.16	波兰	2123.50	也门	41100.00	玻利维亚	2874.26
马来西亚	54800.00	保加利亚	205.50	其他	175.36	巴西	191617.93
新西兰	1316.57	罗马尼亚	8220.00	**非洲**	1701664.83	加拿大	2378665.58
巴基斯坦	3844.86	格鲁吉亚	479.50	阿尔及利亚	167140.00	智利	2055.00
巴布亚新几内亚	2493.40	阿塞拜疆	95900.00	安哥拉	130150.00	哥伦比亚	27230.12
菲律宾	1897.45	白俄罗斯	2712.60	哈麦隆	2740.00	古巴	1698.80
泰国	6055.40	哈萨克斯坦	411000.00	刚果（金）	2466.00	厄瓜多尔	98777.00
越南	60280.00	俄罗斯	822000.00	刚果共和国	21920.00	危地马拉	1138.06
其他	1705.59	土库曼斯坦	8220.00	埃及	60280.00	墨西哥	139205.70
西欧	146650.76	乌克兰	5411.50	加蓬	27400.00	秘鲁	7973.81
奥地利	685.00	乌兹别克斯坦	8137.80	加纳	9042.00	苏里南	986.40
丹麦	12330.00	塞尔维亚	1061.75	科特迪瓦	1370.00	特立尼达和多巴哥	9977.71
法国	1233.16	其他	1205.59	利比亚	645270.00	美国	283343.40
德国	3781.20	**中东**	10954620.83	尼日利亚	509640.00	委内瑞拉	2893029.00
意大利	7167.16	阿联酋	1339860.00	南非	205.50	其他	122.73
荷兰	3937.38	巴林	1706.47	苏丹	68500.00	**欧佩克**	15246045.00
挪威	72884.00	伊朗	2071029.00	突尼斯	5822.50		
土耳其	3704.93	伊拉克	1960470.00	乍得	20550.00		

资料来源：国土资源部信息中心《世界矿产资源年评（2011～2012）》，2012。

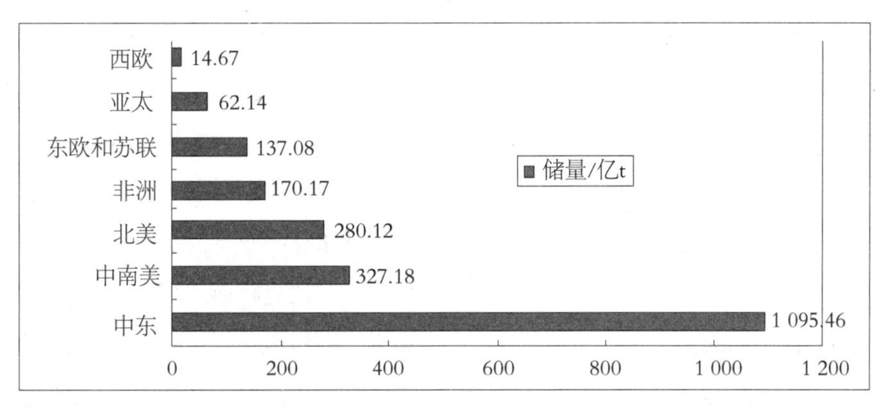

图7-1　2011年世界石油储量地区分布

2011年世界石油剩余探明储量排名前10位的国家依次为沙特阿拉伯、委内瑞拉、加拿大、伊朗、伊拉克、科威特、阿联酋、俄罗斯、利比亚和尼日利亚（图7-2）。我国位居第14位。

据美国《石油情报周刊》2011年12月报道，2010年石油储量居世界前10位的大公司分别为委内瑞拉国家石油公司、沙特阿拉伯国家石油公司、伊朗国家石油公司、伊拉克国家石油公司、科威特国家石油公司、阿布扎比国家石油公司、利比亚国家石油公司、中国石油天然气集团公司、尼日利亚国家石油公司和俄罗斯石油公司（Rosneft）。

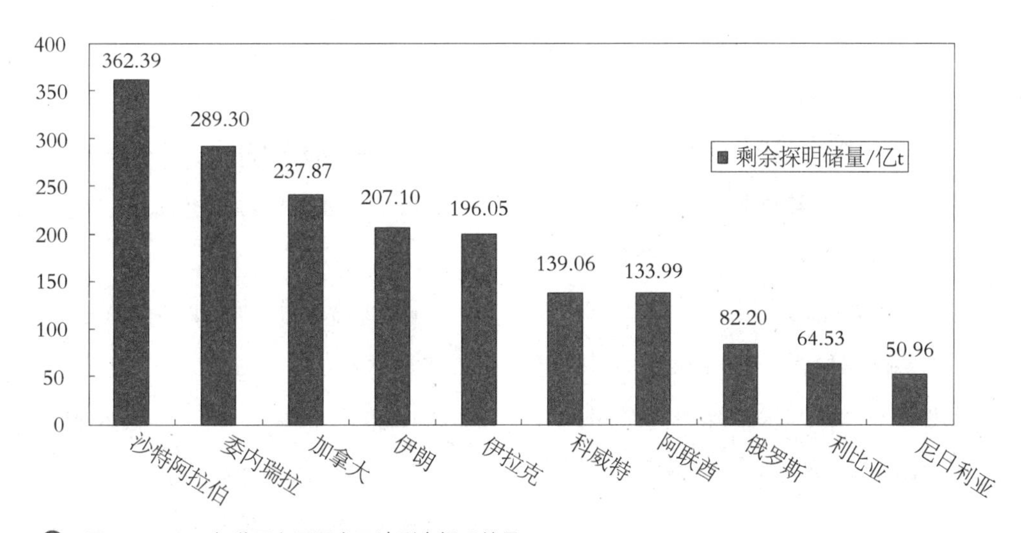

图7-2　2011年世界主要国家石油剩余探明储量

据美国地质调查局（USGS）2012年对全球待发现油气资源所做的评估，全球待发现的石油资源为998.40亿t（不包括美国），主要分布在南美和加勒比海、非洲次撒哈拉地区、中东和北非以及北美的北极地区。

三、世界六大油区

1. 中东波斯湾沿岸

中东海湾地区地处欧、亚、非三洲的枢纽位置，原油资源非常丰富，被誉为“世界油库”。在世界原油储量排名的前10位中，中东国家占了五位，依次是沙特阿拉伯、伊朗、伊拉克、科威特和阿联酋。其中，沙特阿拉伯已探明的储量为362.39亿t，居世界首位；伊朗已探明的原油储量为207.10亿t，居世界第四位。

2. 北美洲墨西哥湾油区

北美洲原油储量最丰富的国家是加拿大、美国和墨西哥。加拿大原油储量居世界第三位。美国原油剩余储量为28.3亿t，主要分布在墨西哥湾沿岸和加利福尼亚湾沿岸，以德克萨斯州和俄克拉荷马州最为著名，阿拉斯加州也是重要的石油产区。美国是世界第二大产油国，但因消耗量过大，每年仍需进口大量石油。墨西哥是西半球第三大传统原油战略储备国。

3. 欧洲及欧亚大陆

欧洲及欧亚大陆原油剩余储量为151.7亿t，其中俄罗斯原油剩余储量为82.2亿t。但俄罗斯是世界第一大产油国，中亚的哈萨克斯坦也是该地区原油储量较为丰富的国家，已探明的储量为41.1亿t。挪威、英国、丹麦是西欧已探明原油储量最丰富的三个国家。

——地学知识窗——

迪拜油

Dubai crude oil 产自中东阿联酋迪拜油田的原油。密度为32° API，含硫1.7%，是期货交易中常用的代表性品种之一，能与中东较重的含硫原油价格相比。

——地学知识窗——

西德克萨斯中质油

West Texas intermediate oil（WTI）简称西德克萨斯油，产自美国西德克萨斯油田的原油。密度为40° API，含硫量0.2%~0.4%。因为油质较好，而作为期货交易中有代表性的优质原油，常用于纽约商业交易所。

——地学知识窗——

布伦特原油

Brent crude oil是产自英国北海油田的原油。该油田发现于1971年，可采储量4.2亿m^3当量（其中石油3.4亿m^3）。油的密度为 40° API，含硫0.1%。它也是石油期货交易中代表性的油种之一，在三种代表油种中其价格一般居中，因而在以一种原油为世界石油价格代表时常指布伦特原油，正是从这个角度上，它的价格可视为国际市场基准油价。

4. 非洲

非洲是近几年原油储量和石油产量增长最快的地区，被誉为“第二个海湾地区”，主要分布于西非几内亚湾地区和北非地区。利比亚、尼日利亚、阿尔及利亚、安哥拉和苏丹排名非洲原油储量前五位。

5. 中南美洲油区

中南美洲是世界重要的石油生产和出口地区之一，也是世界原油储量和石油产量增长较快的地区之一。委内瑞拉、巴西和厄瓜多尔是该地区原油储量最丰富的国家。巴西东南部海域坎坡斯和桑托斯盆地的原油资源，是巴西原油储量最主要的构成部分。厄瓜多尔位于南美洲大陆西北部，是中南美洲第三大产油国，境内石油资源丰富，主要集中在东部亚马孙盆地，另外，在瓜亚斯省西部半岛地区和瓜亚基尔湾也有少量油田分布。

6. 亚太油区

亚太地区原油探明储量约为62.1亿t，也是目前世界石油产量增长较快的地区之一。中国、印度、印度尼西亚和马来西亚是该地区原油探明储量最丰富的国家。中国和印度虽然原油储量丰富，但是每年仍需大量进口。

由于地理位置优越和经济的飞速发展，东南亚国家已经成为世界新兴的石油生产国。印尼和马来西亚是该地区最重要的产油国。印尼的苏门答腊岛、加里曼丹岛，马来西亚近海的马来盆地、沙捞越盆地和沙巴盆地是主要的原油分布区。

世界十大油田

一、加瓦尔油田

1. 地理位置

该油田1948年发现，处于阿拉伯地台东部边缘的哈萨构造阶地上，距波斯湾西海岸约100 km，位于沙特阿拉伯东部、首都利雅得以东约500 km处，如图7-3所示。

2. 油田特征

油田由一个大型长垣隆起构成，含油构造长250 km，宽15 km，构造走向南北，其上分布六个高点，由南向北分别是哈德拉、哈维亚、乌德曼尼亚、舍德古姆、艾因达尔和法桑。油井为自喷井，原油含蜡量少，多为轻质油，其比重为0.83~0.86，凝固点低于-20℃，便于运输。有输油管通腊斯塔努拉油港（世界最大油港）外运。

3. 资源储量

探明储量达107.4亿t，天然气储量9 240亿m^3，维持着日产500万桶的原油生产能力，占整个波斯湾地区的30%，为世界第一大油田。可采储量为114.8

图7-3　加瓦尔油田

亿t，相当于全中国探明石油可采储量的三倍，是中国天然气已探明储量的一半左右（56.3%）。其产层为侏罗系碳酸盐岩，深度2 200 m，油田面积为3 264 km^2。石油储集在上侏罗统阿拉伯组的亮晶粒屑灰岩、鲕粒灰岩中，且主要储集在C 段和D 段。盖层是B 段和C 段之间的致密灰岩、石膏和硬石膏，埋深1 700~2 000 m。D 段油层以粒屑灰岩为主，厚67~73 m，孔隙度21％，向东北方向可达30％，渗透率800~1 500 mD。油藏面积2 403 km^2。据美国能源署（EIA）预测，加瓦尔油田2005年剩余可采储量700亿桶（95.5亿t）。

二、大布尔干油田

1. 地理位置

大布尔干油田（Greater Burgan Oil Fields）是世界第二大油田（图7-4），也是世界上最大的砂岩油田，位于波斯湾沿岸的科威特境内，科威特东南部，东距阿拉伯湾海岸20 km。最初发现于1938年，但10年后才真正进入生产阶段，面积700 km^2，油层厚度1 082~1 462 m。

2. 油田特征

油田构造是一个复式背斜，南北长40 km，东西宽20 km，面积约700 km^2。大布尔干油田的储集层总厚度达400 m，属白垩纪

图7-4　大布尔干油田

砂岩，顶部井深1 050 m，底部在海平面以下1 380 m，为油水界面，储集层的油柱高度达335 m。储集层具有极好的物理特性，砂岩平均孔隙度超过25%，渗透率为1～4 mD。油田储量丰富，单井产能极高，一般都超过580 t/d，1 000 t/d以上的不在少数。原油相对密度为0.844～0.876，随深度增加。在油水界面附近有一几乎不流动的集油砂带。油层的平均饱和压力为11.67 MPa，原始压力在1 220 m深处为13.82 MPa。

3. 资源储量

探明储量99.1亿t，年产7 000万t左右。原油特点与加瓦尔油田相似，多由米纳艾哈迈迪油港外运。目前预计储量为660亿桶~720亿桶，约占科威特石油储量的一半。

三、博利瓦尔油田

1. 地理位置

博利瓦尔油田（图7–5）位于委内瑞拉东部，奥里诺科平原，马拉开波湖东部。它实际上是10多个油田组成的一个油区。含油面积为1 500 km²，长15 km，宽20 km。

2. 油田特征

第三系始新统特鲁希略下部及米索阿组为主要产油层，为三角洲沉积的坚硬砂岩。其中，米索阿下部的块状细–粗粒砂岩厚53 m，孔隙度为15.7%~24.5%，渗透率为300~1 600 mD，是油

图7–5　博利瓦尔油田

区内最重要的产油层组。单井日产油最高达4 000 t。中新统拉罗萨组为海相砂岩，储油物性好，为重要储油层，其上拉古尼亚斯组由厚层-块状松散砂岩、黏土、页岩及薄煤层组成，其下部砂岩层为油区内中新统主要生产层。上述储集层一般近湖岸较新，以中新统为主，埋藏较浅（170~3 475 m）；在湖中央地区较老，埋藏深度较深（2 770~4 334 m）。白垩系埋藏最深，为4 000 m 以下。

3. 资源储量

该油区原始地质储量达150亿t，探明储量52亿t，1954 年石油产量就已达到5亿 t，1962 年产油量达1亿t，1980 年产油量为1.07亿t，占委内瑞拉原油总产量的70%以上。原油多为重质油。

四、萨法尼亚油田

萨法尼亚油田（图7-6）位于沙特阿拉伯的东北部海域，探明储量为33.2亿t。原油部分通过输油管运往黎巴嫩的黎波里和西顿、叙利亚的巴尼亚斯港装船，一部分输往腊斯塔努拉外运。

萨法尼亚油田是世界上最大的海上油田，位于波斯湾，预计石油储量超过500亿桶，是沙特境内仅次于加瓦尔的第二大油田，日产原油约150万桶。

五、鲁迈拉油田

1. 地理位置

鲁迈拉油田（图7-7）位于伊拉克南部的鲁迈拉，是伊拉克最大的油田，

图7-6 萨法尼亚油田

在伊拉克南部城市巴士拉以西50 km。

2. 油田特征

油田分南、北两部分，即南鲁迈拉油田和北鲁迈拉油田，共占地1 800 km^2。

3. 资源储量

南鲁迈拉油田探明储量为19.6亿t，北鲁迈拉油田探明储量为11.2亿t。总地质储量大概有200亿桶。

自2009年伊拉克政府开放油田对外合作竞标以来，该油田成为国际石油公司追捧的对象。英国石油公司与中国的石油公司正与伊拉克国营石油公司伊拉克南方石油公司（South Oil Company）共同合作开发这一油田。截至2009年10月，鲁迈拉油田共有500口油井，油田的日产能力约为150万桶。

图7-7　鲁迈拉油田

六、基尔库克油田

1. 地理位置

基尔库克油田（图7-8）位于伊拉克北部，巴格达市以北250 km 处，是伊拉克北部的最大油田，也是世界上大油气田之一。

2. 油田特征

该油田断层发育，包括三个构造高点，即巴巴、亚万和胡尔马拉。油田为一狭长背斜，长约98 km，宽仅3.5 km，翼部倾角60°。产油层为始新统–渐新统的礁灰岩，称“主石灰岩”，该灰岩部分相当于伊朗的阿斯玛里组，厚305~400 m，埋深340~1 200 m。“主石灰岩”的顶面在构造两翼的倾角为50°，闭合高度达800 m。下面两个油藏分别为上白垩统的施兰尼组和中–下白垩统的卡丘克组。施兰尼组属裂缝性灰岩，厚300 m，油藏为块状，高40 m，无气顶，埋深1 300~1 380 m。卡丘克组为白云岩，厚120 m，白云岩顶面埋深1 800 m。油田面积360 km^2，原油主要储集在“主石灰岩”中。“主石灰岩”的时代除中–晚始新世、渐新世外，还包括一部分早中新世。“主石灰岩”的岩性特征，一般是上部为渐新世的珊瑚礁灰岩，中部为礁前相高孔隙灰岩或中–晚始新世的货币虫灰岩，往下逐渐过渡为抱球虫泥灰岩，最下部为泥灰岩。储集性能最好的是礁前灰岩和部分礁灰岩。礁前相的油层孔隙度在18%以上，最高可达36%，而礁灰岩只有4%~10%甚至更小。“主石灰岩”中除孔隙外，裂缝亦特别发育，且由于灰岩在中新世前遭受过风化淋滤，故晶洞、溶洞也较发育，所以产层在大面积内连通。

3. 资源储量

油柱高300 m，原油比重为0.845，探明储量24.4亿t。原油多经管道从地中海东岸的几个港口（土耳其的杜尔托尔港，黎巴嫩的西顿港等）出口。

图7-8 基尔库克油田

七、罗马什金油田

1. 地理位置

罗马什金油田（图7-9）位于俄罗斯的伏尔加-乌拉尔河流域，又称“第二巴库”，俄罗斯鞑靼斯坦共和国内。储油区面积近70 万km^2。罗马什金油田是俄罗斯仅次于萨莫特洛尔油田的第二大油田。

图7-9 罗马什金油田

2. 油田特征

罗马什金油田是一个典型的陆台型多油层油田。油田地层倾角小于1°，含油面积4 300 km^2，其中油水过渡带的面积占70%。

3. 资源储量

罗马什金油田地质储量45亿t，可采储量24亿t，年产1亿t左右，居俄罗斯的第二位。该油田独创了世界首个大规模注水开采石油工艺，主要生产中质与重质原油，含硫量较高。

八、萨莫特洛尔油田

1. 地理位置

萨莫特洛尔油田（图7-10）位于俄罗斯乌拉尔联邦管区，俄罗斯西西伯利亚油区（即秋明油田或“第三巴库”），是俄国最大的油田，地处西西伯利亚中部、西西伯利亚秋明州东南部、鄂毕河右岸的萨莫特洛尔湖附近。

2. 油田特征

油田的3/4处于沼泽和深达6 m的湖泊区。原油埋藏深度900~2 600 m，油质佳，含硫率低，单井日产量高。

3. 资源储量

探明储量为20.6亿t，年产1.4亿t左右，在世界上仅次于沙特阿拉伯的加瓦尔油田，为俄罗斯最大的油田，储量超过200亿桶。不过油田已经处于开发的尾期，产量锐减。萨莫特洛尔油田目前的剩余探明石油储量还有5.45亿t。

图7-10　萨莫特洛尔油田

九、扎库姆油田

扎库姆油田（图7-11）位于阿拉伯联合酋长国的中西部，多数为自喷井。原油质量好，含蜡少，有管道通往鲁韦斯油港和首都阿布扎比外运。1964 年发现，石油可采储量25.76 亿t，探明储量15.9亿t。

图7-11　扎库姆油田

十、哈西梅萨乌德油田

哈西梅萨乌德油田（图7-12）位于阿尔及利亚东北部，撒哈拉沙漠的北端。油田中干井少，单产高；原油含硫量低，质量好。有输油管通往阿尔泽、贝贾亚等港口外运。

哈西梅萨乌德油田含油面积1 150 km^2，探明可采储量12.6亿t，是一个巨型油田。

储层为寒武系石英砂岩，埋深3 200 m，孔隙度2%~14%，渗透率1 000 mD，含油高度270 m，盖层为三叠系泥岩，厚度500~600 m。

图7-12 哈西梅萨乌德油田

Part 8 六大油田在中国

中国是世界上最早发现和利用石油的国家之一，曾经的中华文明走在了世界文明之林的前列。鸦片战争之后，在世界石油工业迅速发展的时期，中国石油工业停滞不前。新中国成立后，在新中国石油人的不懈努力下，我国石油工业获得了迅猛发展，先后取得了开发大庆油田、胜利油田等令世界瞩目的成就。

中国油气资源

一、中国油气资源的分布特点

我国油气资源在时空分布上具有明显特点，表现在以下几个方面：

一是资源量主要集中在沉积面积大的盆地内，资源量与面积呈正相关。在150个盆地中面积大于1万km^2的盆地有59个，占石油总资源的91%，占天然气资源的96%。

二是油气资源主要集中在华北、西北和东北等地区，分别占油和气总资源量的74%和80%。

三是石油资源量主要分布在中、新生界地层，约760亿t，占总资源量的80%以上；天然气资源量主要分布在古生界地层，约20亿m^3，占总资源量的一半以上。

四是油气资源量主要分布在埋深小于3 500 m的范围内，约450亿t，占总资源量的70%。深于3 500 m的资源量尚有205亿t，仍有较大的潜力。

五是目前油气资源量的探明程度很低。在老区的渤海湾盆地，资源量188亿t，仅找出72亿t，松辽盆地129亿t，只探明55亿t，而新区则仅仅是个开始。

我国是一个油气资源较丰富的国家，共有大小沉积盆地500多个，沉积岩面积670多万km^2，其中，面积大于200 km^2、沉积岩厚度大于1 000 m的中、新生代盆地共有424个，面积约527万km^2。根据全国第二次资源评价结果（表8-1），在150个盆地、618个区带、7 792个圈闭中，共有石油资源量940亿t，其中陆上694亿t，海域246亿t；天然气资源量380 000亿m^3（包括煤成气160 000亿m^3），其中陆上近300 000亿m^3，海域80 000亿m^3。但是，我国石油的探明程度仅为50%左右。目前我国一些主要含油气盆地，尤其是西部和海域盆地的研究与勘查程度都还很低，油气情况尚不明朗，因此我国的石油仍有较大的勘探前景。

——地学知识窗——

查明矿产资源、潜在矿产资源、资源量

查明矿产资源：是中国《固体矿产资源/储量分类》中矿产资源的一种，经勘查工作已发现的固体矿产资源的总和。依据其地质可靠程度和可行性评价所获得的不同结果可分为储量、基础储量和资源量三类。

潜在矿产资源：是中国《固体矿产资源/储量分类》中矿产资源的一类，是根据地质依据和物化探异常预测而未经查证的那部分固体矿产资源。

资源量：是指查明矿产资源的一部分和潜在矿产资源的总和。

二、中国七大油区

按照石油工业的布局，我国分为七个自然油区：

东北油区：以松辽盆地为主，包括大庆、扶余。

华北油区：以渤海湾盆地为主，地跨辽宁、河北、山东、河南和天津五省市，包括辽河、大港、任丘、胜利等油田。

陕甘宁产油区：以鄂尔多斯（陕甘宁）盆地为主，地跨陕西、甘肃、宁夏，以长庆油田为代表。

鄂豫油区：包括河南南阳盆地和湖北江汉盆地，有江汉油田和南阳油田。

西南油区：包括四川盆地及其邻近地区。

西北油区：包括新疆、青海和甘肃，有塔里木、准噶尔、柴达木、酒泉和吐鲁番等盆地，主要油田有克拉玛依、塔里木、吐哈、玉门、冷湖等。

南海油区：包括粤东、粤西海域，海南岛海域以及西沙群岛、南沙群岛海域，主要油田有南海油田等。

表8-1　　我国含油气盆地统计

盆地名称	盆地面积（km^2）	石油资源量（万t）	天然气资源量（亿m^3）
松辽盆地	227 000	1 250 000	8 657
渤海湾盆地	137 290	1 884 120	21 181
鄂尔多斯盆地	250 000	190 800	41 797
四川盆地	188 000	113 514	71 851
柴达木盆地	121 000	123 891	10 500
吐哈盆地	48 000	157 500	3 651
准噶尔盆地	134 000	693 700	12 289
塔里木盆地	560 000	1 076 039	83 896
渤海海域盆地	55 500	402 890	2 881
东海盆地	250 000	537 909	24 803
珠江口盆地	176 740	679 545	12 987
莺歌海盆地	73 650	297 100	22 390
其他盆地	1 950 760	1 992 993	63 537
合计	4 171 940	9 400 000	380 421

资料来源：全国二次资评。

中国六大油田

一、大庆油田

大庆油田是1959年9月26日发现的中国第一座大油田，是中国最大的油田，世界级特大砂岩油田。大庆油田位于中国黑龙江省大庆市。

鸦片战争后，中国逐步沦落为半殖民地半封建的落后国家，美孚、亚细亚、德士古三大石油公司迅速进入中国。“洋油”以空前的规模在中国各地倾销，刚刚开始发展起来的民族石油工业又处于岌岌可危的境地。1949年，摆在中国共产党人面前的是一个千疮百孔、一穷二白、百废待兴的破败摊子，全国石油产量只有12万t，国家经济建设所需要的石油产品基本依赖进口。全国需要原油1 000多万t，缺口一半以上，连街上的公共汽车都因缺油而背上了煤气包甚至木炭，各种物资更是极端匮乏。毛泽东询问李四光：“我国天然石油这方面的远景怎么样？”李四光分析了中国的地质条件，表示深信在我国辽阔的大地下蕴藏有丰富的石油资源。毛泽东语重心长地说：“要进行建设，石油是不可缺少的，天上飞的，地上跑的，没有石油都转不动。”这位新中国的缔造者是把石油作为战略资源来看待的。要使社会主义建设大踏步向前，要使年轻的共和国尽快强盛起来，就不能没有强大的石油工业。1959年9月26日16时许，在松嫩平原上一个叫大同的小镇附近，从一座名为“松基三井”的油井里喷射出的黑色油流改写了中国石油工业的历史：东北平原发现了世界级的特大砂岩油田！

当时正值国庆10周年之际，时任黑龙江省委书记的欧阳钦提议将大同改为大庆，将大庆油田作为一份特殊的厚礼献给成立10周年的新中国。“大庆”，这个源于石油、取自国庆的名字，从此叫响全国，传扬世界。

大庆油田1959年发现、1960年开发，至今已走过了50多年的发展历程。在这一历史进程中，大庆油田主要经历了四个发展阶段。

1. 石油会战阶段

1959年9月26日，以“松基三井”喜喷工业油流为标志，勘探发现了大庆油田。以铁人王进喜为代表的老一辈石油人，在极其困难的条件下，自力更生、艰苦奋斗，仅用三年时间就拿下大油田，一举甩掉了我国贫油落后的帽子。

2. 快速上产阶段

1963年底，大庆油田结束试验性开发，进入全面开发建设。先后开发了萨尔图、杏树岗和喇嘛甸三大主力油田，以平均每年增产300万t的速度快速上产，并勘探准备了一批可开发的新油田，为1976年原油产量跨上5 000万t台阶奠定了坚实的基础。

3. 高产稳产阶段

“文革”结束后，我国进入新的历史发展时期，大庆油田也从此迈入“年产5 000万”的高产稳产阶段。从1976年到2002年，实现5 000万t以上连续27年高产稳产。

4. 可持续发展阶段

进入新世纪新阶段，面对油田可持续发展出现的诸多矛盾，为确保向国家持续做出高水平贡献，大庆油田以科学发展观为指导，从维护国家石油供给安全、谋求企业可持续发展、承担国有企业三大责任出发，确立了创建百年油田发展战略，制定了《二次创业指导纲要》，力争到21世纪中叶，大庆油田开发建设100周年之际，继续保持我国重要油气生产基地的地位，努力打造国际一流的工程技术服务和石油装备制造基地。

大庆油田自1960年投入开发建设，累计探明石油地质储量56.7亿t，累计生产原油18.21亿t，占同期全国陆上石油总产量的47%；探明天然气地质储量548.2亿m^3，上缴各种资金并承担原油价差1万多亿元，特别是实现原油连续27年稳产5 000万t以上，连续12年稳产4 000万t以上，已累计生产原油21亿多t，被誉为“世界石油开发史的奇迹”。

二、胜利油田

胜利油田地处山东北部渤海之滨的黄河三角洲地带，主要分布在东营、滨州、德州、济南、潍坊、淄博、聊城、烟台等8个城市的28个县（区）境内，主要工作范围约4.4×10^4 km^2，是中国第二大油田。按地质区划分，山东境内可找油找气的沉积盆地有济阳、昌潍、胶莱、临清、鲁西南等5个坳陷，总面积约6.1万km^2，其中济阳坳陷和浅海地区是油田勘探开发的主战场，已探明储量占油田累计探明储量的99.6%。胜利油田的勘探开发历程，大致经历了四个阶段。

1. 艰苦创业阶段

胜利油田是在华北地区早期找油的基础上发现并发展起来的。1961年4月16日，这里（山东省东营市东营村附近）打出了第一口工业油流井——华八井（图8-1），日产油8.1 t，标志着胜利油田被发现；1962年9月23日，东营地区营二井获日产555 t的高产油流，这是当时全国日产量最高的一口油井，胜利油田早期称为“九二三厂”即由此日期而来；1964年1月25日，经中共中央批准，在这里展开了继大庆石油会战之后又一次大规模的华北石油勘探会战，标志着胜利油田大规模勘探开发建设开始；1965年1月25日，在东营胜利村钻探的坨11井发现85 m的巨厚油层，1月31日，坨11井喜获日产1 134 t高产油流，全国第一口千吨井诞生。胜利油田由此闻名。

2. 快速攀升阶段

经过多年的艰苦拼搏，胜利油田在1978年原油产量达到1 946万t，成为中

图8-1 华八井

国第二大油田，并一直保持至今；原油产量1984年突破2 000万t，1987年突破3 000万t。

3. 持续稳定发展阶段

1989年胜利油田结束会战体制，在大打勘探进攻仗的同时，及时把工作重点转移到提高油田综合管理水平上来。1991年原油产量达到3 355万t，创历史最高水平；1993年建成了中国第一个百万吨级浅海油田（图8-2）；到1995年原油产量连续9年保持在3 000万t以上。

4. 全面提升整体发展水平阶段

1998年，国家进行石油石化大重组，胜利油田划归中国石化集团公司领导和管理；2000年，重组改制为胜利石油管理局和胜利油田有限公司；2006年，胜利油田有限公司变更为胜利油田分公司。这一时期油气主业步入良性发展的轨道，年产原油稳定在2 700万t左右。

50多年来，胜利油田累计探明石油地质储量53.87亿t，探明天然气地质储量2 676.1亿m^3，生产原油10.87亿t，实现收入17 737亿元，上缴利税8 747亿元，在自身发展的同时，为推动中国石油石化工业发展做出了重要贡献。

图8-2　中国第一个百万吨级浅海油田

图8-3　辽河油田鸟瞰

三、辽河油田

辽河油田位于辽河下游、渤海湾畔（图8-3），被沈阳、辽阳、鞍山、营口、大连环抱，交通便利，物产丰富，气候宜人，人文和地理环境十分优越。勘探开发领域横跨辽宁省和内蒙古自治区的13个市、34个县（旗），包括辽东湾海滩区域，总面积10.43万km²，曾是中国第三大油田。目前原油年开采能力1 000万t以上，天然气年开采能力8亿m³。辽河油田的勘探开发历程，大致经历了四个阶段。

1.地质普查阶段

1955年辽河盆地开始进行地质普查，1964年钻成第一口探井，1966年钻探的辽六井获工业油气流，1967年3月大庆派来一支队伍进行勘探开发，称“大庆六七三厂”。

2.勘探开发阶段

1970年经国务院批准开始大规模勘探开发。企业开始名称为“三二二油田”，1973年改称为辽河石油勘探局或辽河油田。

3.艰苦创业阶段

经过30多年的艰苦创业，已建成锦州、欢喜岭、曙光、兴隆台、高升、茨榆坨、沈阳等10个骨干生产基地，投入开发34个油（气）田。1986年原油产量突破1 000万t，成为我国第三大油田。1994年原油产量达到1 500万t，天然气产量达到17.5亿m³。

4.重组发展阶段

1999年油田重组改制，按业务不同分立为两个单位，即辽河油田分公司和辽河石油勘探局。在企业结构、主营业务和工作重心发生重大变化，生产经营面临能力过剩、冗员过多、资产质量差、资金严重短缺诸多困难和矛盾的情况下，油田坚持以市场为导向，以效益为中心，明确工作定位，加快多种经营，实现了“双赢互利、共同发展”。截至2001年底，辽河油田累计探明石油地质储量21.38亿t，生产原油2.65亿t，生产天然气412亿m³，向国家和集团公司上缴利税费338亿元。辽河油田的开发建设为国家做出了重大贡献，也带动了地方经济的发展，昔日的“南大荒”变成了美丽的石油城。

四、克拉玛依油田

克拉玛依油田是我国于1955年发现的第一个大油田。“克拉玛依”系维吾尔语“黑油”的译音，得名于克拉玛依油田发现地，现为克拉玛依市区东角的一座天然沥青丘——黑油山。1955年10月29日，克拉玛依一号井出油，发现了克拉玛依油田。其原油产量曾居中国陆上油田第四位，连续25年保持稳定增长，累计产油2亿多t。2002年原油年产突破1 000万t，成为中国西部第一个千万吨大油田。克拉玛依油田所处的准噶尔盆地油气资源十分丰富，预测石油资源总量为86亿t，天然气为2.1万亿m^3。目前石油探明率仅为21.4%，天然气探明率不到3.64%，勘探前景广阔，发展潜力巨大。

说起克拉玛依，必与黑油山分不开。黑油山位于克拉玛依东北部，距市中心2千米多，是油田重要油苗露头的地方。此处原油长年外溢结成一群沥青丘，最大的一个高13 m、面积0.2 km^2，油质为珍贵低凝油。这座黑色的沥青山及它地下埋藏的石油在这里已沉睡上亿年。由于地壳变动，岩石产生断裂破碎，地下石油受地层压力影响，岩石裂隙不断向地表渗出，石油中轻质部分挥发，剩下稠液同沙土凝结堆成黑油山，由于周围荒凉的恶劣环境，千百年来不被人们重视。直到新中国成立前，一位叫塞里木巴依的维吾尔老人，第一次扣响了黑油山大门。老人赶着马车在戈壁滩中砍柴，在茫茫戈壁中经过几天的行程意外发现了一个山丘，山丘上到处冒着黑色的液体，但不知是何物。他便试着用布蘸了一点擦在车辘里，车轮马上不咯吱咯吱地响了，车子也轻快多了。老人用葫芦带回了一些这种黑色的液体，乡亲们觉得好奇就四处传开了。随后他在山旁搭了个地窝子，在集油洼地捞取原油，骑毛驴往返于乌苏与黑油山间，用黑色的油换取生活用品，当地人用此原油点灯、膏车轴等。当时正在寻找石油的中国石油勘探者听到了消息，在老人的带路下，找到这个地方，由此拉开了克拉玛依石油会战的序幕。为纪念克拉玛依油田发现时新中国石油人的无私奉献、艰苦创业精神，新疆石油管理局和克拉玛依市于1982年10月1日在黑油山树立了近3 m高的石雕纪念碑和一尊维吾尔老人骑着毛驴弹奏热瓦普的塑像。如今，黑油山已成为各族人民进行革命传统教育的纪念地和游览胜地。

克拉玛依油田的勘探开发历程，大致经历了三个阶段。

1. 艰苦创业阶段

中华人民共和国成立之前，我国的石油工业十分落后，当时最大的玉门油田年产量不过10万余吨。新中国成立之后，经过三年恢复期，直到1953年全国原油年产量也仅有43.5万t，这个产量仅仅能满足社会生产需要量的1/3。随后，我国与苏联联合成立了中苏石油服务公司，加强我国西部石油资源的勘探活动。1951年，中苏石油公司在黑油山附近进行石油地质调查。1954年，以苏联专家乌瓦洛夫为队长，由地质师张恺、实习生宋汉良、朱瑞明等10人组成地质调查队，对新疆黑油山—乌尔禾地区完成1:10万的地质普查后，明确提出该地区有很好的含油前景，建议进行地球物理详查和探井钻探。1955年1月，全国石油勘探会议举行，把新疆确定为重点勘探地区之一。经过半年的准备，技师陆铭宝任队长的1219青年钻井队由独山子开赴黑油山。1955年7月6日，南侧1号井开钻，10月29日完钻，次日喷油。1956年2月下旬，新疆维吾尔自治区党委第一书记王恩茂、自治区主席赛福鼎到油田视察工作，建议按照维吾尔语的读音，将油田更名为克拉玛依油田。1956年5月11日，新华社发布消息，宣布“克拉玛依地区是个很有希望的大油田”，引起巨大轰动，从而使克拉玛依作为一个地名被介绍至国内外，“克拉玛依”这个象征着吉祥富饶的名字传遍了五湖四海。

克拉玛依油田于1955年获工业油气流，1956年投入试采，年产原油1.6万t，至1960年达163.6万t，占当年全国天然石油产量的39%，是大庆油田投入开发之前全国最大的油田，油田初步探明含油面积290 km^2。

2. 持续发展阶段

改革开放以来，克拉玛依追踪世界石油勘探开发的先进设备和高新技术，通过引进、消化和创新，提高技术和装备水平，使探明储量和原油产量连续25年稳步增长。20世纪八九十年代陆续探明百口泉、红山嘴、乌尔禾、夏子街、火烧山、北三台、彩南、石西和玛湖等一批油气田，进入新世纪又相继找到陆梁、石南、莫索湾和安集海等油气田，油气勘探连年获得重大突破，1985年原油产量达494.5万t。1998年，以它为核心的新疆石油管理局产原油871万t，天然气4.71亿m^3，成为我国重要的石油工业基地。

3. 稳步发展阶段

迄今为止，克拉玛依累计发现油气田25座，探明石油地质储量18.29亿t，探明天然气地质储量766.6亿t；2004年生产原油1 111万t，生产天然气25.5亿m^3，分别比1958年增加30倍和751倍。今天的克拉玛依油田，以黑油山为基点，向南、北、东三方辐射为千里油区。随着油气资源的加快开发，克拉玛依石油炼制及化学工业蓬勃发展。在半个世纪以前只有7万t炼油能力的基础上，建成拥有50多套先进生产装置、原油一次加工能力为1 000多万t的石化企业，石油化工产品已有220多种，其中一批主导产品填补了国内空白。现在，克拉玛依—独山子石油化工基地已经成为新疆国民经济的重要增长点。

五、长庆油田

长庆油田（图8-4）总部于1998年从甘肃庆阳市庆城县迁至陕西省西安市，工作区域在中国第二大盆地——鄂尔多斯盆地，横跨陕、甘、宁、内蒙古、晋五省（区），勘探总面积37万km^2，拥有石油总资源量128.5亿t，天然气总资源量15万亿m^3，被称为“满盆气，半盆油”，还蕴藏着丰富的煤炭、岩盐、煤层气、铀等资源。长庆油田是中国石油近年来油气储量增长幅度最快的油气田，每年给国家新增一个中型油田，是中国陆上最大产气区和天然气管网枢纽中心，原油产量占全国的1/10，天然气产量占全国的

图8-4　黄土高原上的石油城——长庆油田

1/4，承担着向北京、天津、石家庄、西安、银川、呼和浩特等十多个大中城市安全稳定供气的重任。其油气勘探开发建设始于1970年，先后找到油气田22个，其中油田19个，累计探明油气地质储量54 188.8万t（含天然气探明储量2 330.08亿m^3，按当量折合原油储量在内）。

长庆油田从20世纪50年代开始勘探，1970年由原兰州军区按照国务院、中央军委70、81号文件，正式组建原兰州军区长庆油田会战指挥部，指挥部机关起初设于甘肃省庆阳地区（今庆阳市）宁县长庆桥村（今长庆桥镇），1971年3月1日迁至甘肃省庆阳地区庆阳县（今庆阳市庆城县）北关。1983年，经石油工业部（今中国石油天然气集团公司）批准，更名为长庆石油勘探局。

长庆油田的发展史是一部坚持不懈的奋斗史。长庆油田年产油气当量跃上1 000万t用了33年。但是长庆石油人的不懈努力终于换来了丰收的硕果，从2003年到2007年12月，只用了短短4年时间就实现了年产量从1 000万t到2 000万t的大跨越。2009，年长庆油田油气当量突破3 000万t，超过胜利油田成为国内第二大油气田。2011年，长庆油田年产油气当量突破4 000万t，达到4 059万t，为实现年产油气当量5 000万t、建设“西部大庆”目标打下了坚实基础。2012年，长庆油田全年累计生产原油2 261万t，生产天然气286亿m^3，折合油气当量达到4 504.99万t，超越大庆油田4 330万t油气当量，成为中国内陆第一大油气田。

六、渤海油田

渤海油田是目前中国海上最大的油田，由中海石油（中国）有限公司天津分公司负责渤海油田勘探开发生产业务。渤海海域面积7.3万km^2，其中可勘探矿区面积约4.3万km^2。渤海油田与辽河油田、大港油田、胜利油田、华北油田、中原油田属于同一个盆地构造，有辽东、石臼坨、渤西、渤南、蓬莱5个构造带，总资源量在120亿m^3左右。其地质油藏特点是构造破碎、断裂发育、油藏复杂，储层以河流相、三角洲、古潜山为主，油质较稠，稠油储量占65%以上。

1967年，我国海上第一口探井“海一井”出油，拉开了渤海油田生产史的序幕，也标志着渤海油田正式进入了现代工业生产阶段。1975年，渤海油田产量只有8万m^3，到2004年首次达到1 000万m^3。“十一五”以来，渤海油田更是得到快速发展。2006年，实现了年产量超1 500万m^3；2009年，渤海油田产量又突破了2 000万m^3大关。2010年，渤海油田再上新台阶，实现了油气产量3 000万t的历史新跨越，达到3 005万t，这个产量占中国海油国内总产量的60%，当年也成为原油产量仅次于大庆油田的全国第二大油田。截至2010年底，渤海油田累计发现三级石油地质储量近50亿m^3，发现了蓬莱19-3、绥中36-1、秦皇岛32-6、渤中25-1、金县1-1、锦州25-1/南等数个亿吨级大油田，形成四大生产油区和八个生产作业单元，在生产油田超过50个，拥有各类采油平台100余座。至2010年底，渤海油田已经累计向国家贡献了1.75亿m^3原油。

参考文献

[1]吴元燕, 吴胜和. 油矿地质学. 北京: 石油工业出版社, 2005.

[2]张厚福, 方朝亮. 沉积岩石学. 北京: 石油工业出版社, 1999.

[3]赵澄林, 朱筱敏. 沉积岩石学. 北京: 石油工业出版社, 2001.

[4]张厚福, 高先志, 张枝焕, 等. 北京: 石油工业出版社, 2006.

[5]李继亮, 陈昌明, 高文学, 等. 我国几个地区浊积岩系的特征[J]. 地质科学, 1978(1):26−44.

[6]地球科学大辞典编委会. 地球科学大辞典(应用科学卷). 北京: 地质出版社, 2005.

[7]孟庆任. 陕西紫阳芭蕉口志留纪浊积岩的研究[J]. 沉积学报, 1991, 9(1):35−43.

[8]雷怀玉,邹伟宏,王连军,等. 岔西地区浊积岩的发现及其油气勘探意义[J]. 沉积学报, 1999, 17(1):89−94.

[9]丁桔红. 湖盆浊积砂体及类型研究[J]. 华南地质与矿产, 2007(3):6−11.

[10]吴崇筠. 湖盆砂体类型[J]. 沉积学报. 1986,4(4): 1−24.

[11]杨守业,李从先. REE示踪沉积物物源研究进展[J]. 地球科学进展, 1999, 19(2):164−167.

[12]邵磊, 刘志伟, 朱伟林. 陆源碎屑岩地球化学在盆地分析中的应用[J]. 地学前缘, 2000, 7(3):297−303.

[13]刘士林, 刘蕴华, 林舸, 等. 南堡凹陷新近系馆陶组砂岩地球化学、构造背景和物源探讨[J]. 吉林大学学报(地球科学版), 2007, 37(3):475−483.

[14]方爱民, 李继亮, 侯泉林. 浊流及相关重力流沉积研究综述[J]. 地质评论, 1998,44(3): 270−280.

[15]何起祥, 刘招君, 王东坡, 等. 湖泊相浊积岩的主要特征及其地质意义[J]. 沉积学报, 1984, 2(4): 33−46.

[16]刘宪斌, 万晓樵, 林金逞, 等. 陆相浊流沉积体系与油气[J]. 地球学报, 2003, 24(1): 61−66.

[17]邓宏文, 方勇, 王红亮, 等. 东营三角洲高频层序特征与岩性圈闭分布[J]. 中国海上油气(地质), 2003, 17(3): 160−163.

[18]李丕龙. 陆相断陷盆地沉积体系与油气分布[M]. 北京: 石油工业出版社, 2003, 12:58−69.

[19]冯有良,李思田. 东营凹陷沙河街组三段层序低位域砂体沉积特征[J]. 地质论评,2001,47(3): 278-286.

[20]饶孟余, 钟建华. 浊流沉积研究综述和展望[J]. 煤田地质与勘探, 2004, 32(6):1-5.

[21]马全华. 浊积岩的成因识别及沉积模式探讨[J]. 西南石油大学(自然科学版), 2008, 30(3):42-44.

[22]操应长, 刘晖. 湖盆三角洲沉积坡度带特征及其与滑塌浊积岩分布关系的初步探讨[J]. 地质评论, 2007, 53(4):454-4 601.

[23]汪正江, 陈洪德, 张锦泉. 物源分析的研究与展望[J]. 沉积与特提斯地质, 2000, 20(4):104-110.

[24]赵红格, 刘池洋. 物源分析方法及研究进展[J]. 沉积学报, 2003, 21(3):409-414.

[25]徐亚军, 杜远生, 杨江海. 沉积物物源分析研究进展[J]. 地质科技情报, 2007, 26(3): 26-32.

[26]蔡观强, 郭峰, 刘显太, 等. 碎屑沉积物地球化学: 物源属性、构造环境和影响因素[J]. 地球与环境, 2006, 34(4): 75-80.